KUAISU LENGQUEXIA MEIHEJIN

JIGUANG BIAOMIAN GAIXING XINGWEI

U0192767

葛亚琼◎著

快速冷却下
镁合金激光表面改性行为

知识产权出版社

全国百佳图书出版单位

—北京—

图书在版编目（CIP）数据

快速冷却下镁合金激光表面改性行为/葛亚琼著.—北京：知识产权出版社，2022.4

ISBN 978-7-5130-8098-9

Ⅰ.①快… Ⅱ.①葛… Ⅲ.①镁合金－激光光学加工技术－表面改性 Ⅳ.①TG146.22

中国版本图书馆 CIP 数据核字（2022）第 046861 号

内容提要

本书在讨论激光与镁合金材料相互作用机制的基础上，利用激光高温加热·介质冷却技术，采用高功率激光在不同的冷却条件下对镁合金材料进行激光表面改性处理，以此为基础，研究了快速冷却下镁合金材料的结晶机理、组织变化规律、改性层非晶化行为，考察了改性层室温下的组织、化学及电化学腐蚀性能、耐磨性能、冲击和断裂韧性，并探讨了快速冷却下镁合金激光表面处理的改性机制。

本书适用于从事金属快速凝固及激光表面处理研究的研究生、教师及科研人员参考。

责任编辑：彭喜英　　　　　　　　　责任印制：孙婷婷

快速冷却下镁合金激光表面改性行为

KUAISU LENGQUEXIA MEIHEJIN JIGUANG BIAOMIAN GAIXING XINGWEI

葛亚琼　著

出版发行：知识产权出版社有限责任公司	网　　址：http://www.ipph.cn		
电　　话：010－82004826	http://www.laichushu.com		
社　　址：北京市海淀区气象路 50 号院	邮　　编：100081		
责编电话：010－82000860 转 8539	责编邮箱：laichushu@cnipr.com		
发行电话：010－82000860 转 8101	发行传真：010－82000893		
印　　刷：北京中献拓方科技发展有限公司	经　　销：新华书店、各大网上书店及相关专业书店		
开　　本：720mm×1000mm　1/16	印　　张：9.5		
版　　次：2022 年 4 月第 1 版	印　　次：2022 年 4 月第 1 次印刷		
字　　数：128 千字	定　　价：58.00 元		

ISBN 978-7-5130-8098-9

出版权专有　侵权必究

如有印装质量问题，本社负责调换。

前　言

　　镁及镁合金材料具有密度小、比强度和比刚度高、减振性能好、抗辐射能力强、矿产资源丰富、可循环利用等优点，已成为继钢铁和铝材料之后第三大工程中应用的金属材料，被誉为"21世纪的绿色工程材料"。但是镁合金材料的耐腐蚀性差，硬度、耐磨损性也较差，制约了其广泛应用。改善镁合金材料的性能缺陷，扩大镁合金材料的应用领域，对于镁合金材料的进一步发展尤为重要。从材料的内在属性出发，解决镁合金性能方面不足的最佳途径之一是对其进行表面改性处理。

　　激光是20世纪自然科学的重大发明之一，自从1960年世界上第一台激光器诞生以来，激光技术就得到了越来越广泛的关注，特别是近几十年来迅速发展起来的材料表面改性技术——激光表面处理技术受到了前所未有的重视。高能量激光束作用于镁合金材料表面，通过表面扫描或伴随附加填充材料的加热，镁合金材料表面由于加热、熔化、汽化而产生冶金、物理、化学或相结构的转变，达到改性的目的。激光表面处理技术具有能量密度高、可控性好、节省能源且几乎不产生环境污染的优势，是理想的镁合金表面改性方法之一。

　　本书在讨论激光与镁合金材料相互作用的基础上，利用激光高温加热·介质冷却技术，采用高功率激光在不同的冷却条件下对镁合金材料进行表面改性处理，在此基础上重点研究了快速冷却下镁合金材料的结晶机理、组织变化规律、改性层非晶化行为，研究了改性层在室温下的组织、化学及电化学腐蚀性能、耐磨性能、冲击和断裂韧性，以此为依据探讨了快速冷却下镁合金激光表面处理的改性机制。本书的研究成果有助于揭示快速冷却条件下镁合金材料的组织和性能，深化其金属学理论，对改善镁合金结构件表面性能及扩大镁合金材料的应用具有一定的科学意义和应用价值。

全书共分7章。第1章介绍了镁合金材料表面改性研究背景。第2章通过理论推导和数值模拟讨论了激光与镁合金的作用机制。第3章研究了在不同冷却介质中镁合金熔体的结晶凝固行为。第4章研究了在传统氩气冷却下的镁合金激光表面熔凝行为。第5章研究了将激光高温加热和工业液氮低温冷却相结合，以提高镁合金熔体的冷却速率，进一步改善镁合金激光表面改性层的性能，并研究了在上述冷却环境中的镁合金表面熔凝行为。第6章探讨了将快速冷却条件用于镁合金的激光熔覆，探索了一种新的用于镁合金表面的激光熔覆异质材料，研究了在快速冷却条件下的镁合金材料的激光熔覆改性行为。第7章结合试验结果和理论研究成果，阐述了快速冷却下镁合金激光表面改性层的凝固行为和微观组织演变机理，并从晶粒细化、位错强化和固溶强化等方面讨论其改性机理。

本书中的研究工作得到了国家自然科学基金项目（编号为51075293、51405324）、山西省基础研究计划项目（编号为201701D221068、202103021224266）、山西省1331工程学科群建设项目及提质增效学科建设项目等的资助，得到了作者所在研究团队的大力支持和帮助，在此感谢太原科技大学材料科学与工程学院、太原理工大学激光加工技术中心、太原理工大学材料连接及界面行为研究团队，感谢向相关研究工作提供帮助的工厂企业和科研院所，也向相关单位和个人对笔者的帮助和支持表示衷心感谢。

　　由于作者水平有限，书中难免存在不足，敬请广大读者批评指正。

葛亚琼

2021 年 7 月 25 日

目　录

第1章 镁合金材料的表面改性技术

1.1 研究背景及意义

现代科学技术飞速发展，工业应用的需求对材料的要求越来越高，作为继钢铁材料、铝合金材料之后的第三大类金属工程材料——镁合金材料，以其轻质高强、节能环保等优势在 21 世纪的科学发展和工业应用中发挥着越来越重要的作用，因而被誉为"21 世纪的绿色工程材料"。

1.1.1 镁及镁合金的应用

自 1775 年镁的化合物被发现以来，镁及镁合金的发展及应用受到了越来越多的关注。特别是 1886 年，德国首次将镁应用于工业领域，之后镁及镁合金在工业上的地位及作用不可小觑。在汽车工业、轨道交通工业、航空航天工业、船舶工业、核工业、电子工业等领域，镁及镁合金材料所占比重越来越大。预计至 2023 年全球原镁消费量将增至 181.4 万吨，镁合金行业景气度持续向上。

镁合金在汽车行业的应用始于 20 世纪 30 年代，德国大众汽车公司将含镁合金材料的发动机用于甲壳虫轿车。自此，世界各国越来越重视镁合金材料在汽车领域的应用发展。20 世纪 80 年代，美国福特公司将镁合金材料成功用在汽车离合器的踏板、支架及刹车器等上。之后，欧洲、北美及日本等也将镁合金材料在汽车上进行了多种尝试，如德国奔驰的 V−8 轿车上采用了镁合金框架座椅，日本丰田的汽车转向轴部分采用了镁合金材料。现在，仪表盘、变速箱、方向盘、座椅架、发动机罩、车顶板等多个汽车部件大规模采用了镁合金材料，使汽车极大地减重节能。

近年来，镁合金在电子产品领域的应用异军突起。亚洲各国特别是韩国和日本等研制开发的电子产品中镁合金的含量相当多，开始逐步取代塑料或铝合金外壳。例如，日本东芝在 1997 年上市的 libretto 系列便携式电脑，已采用了镁合金外壳和镁合金散热件，整机质量约为 850g，系统的耗电量也随之大幅降低。20 世纪末我国也开始重视镁合金材料在电子产品领域的应用。

航空航天是国家安全的重要组成部分，世界各国都对航空航天领域的材料和技术极为重视，这为镁合金材料的应用发展提供了有利的外部条件。最具代表性的是苏联的第一架月球车，采用镁合金材料制造而成，极大地减轻了重量。我国的"玉兔号"月球车，其桅杆驱动机构的关键部件由我国自主研发的新型镁合金材料制成。当前，镁合金材料已应用于航空航天领域。例如，MB5、MB8 和 MB15 镁合金就已用于飞机操作系统，MB15 镁合金板已用于飞机的舱门和连杆机构等部位，MB8 和 MB15 镁合金常用于导弹的尾翼上。

1.1.2 镁及镁合金的特点

在自然界中，镁（Mg）是分布最广的十个元素之一，主要存在于白云石 $CaMg(CO_3)_2$、菱镁矿 $MgCO_3$、光卤石 $KMgCl_3 \cdot 6H_2O$ 等中。纯镁呈现银白色金属光泽，在标准大气压下为密排六方结构，晶格常数 $a = 0.32092nm$、$c = 0.52105nm$、$c/a = 1.6236$。镁的原子核结构和晶体结构决定了镁的物理化学性质和力学性能，表 1—1 列出了镁的基本物理化学性质。

表 1—1 镁的基本物理化学性质

性质	数值	性质	数值
原子序数	12	原子价	2
相对原子质量	24	原子直径（$\times 10^{-10}$m）	3.20
泊松比	0.33	密度/（g/cm³）	1.738
熔点/℃	1.584	电阻率/（nΩ·m）	47

性质	数值	性质	数值
热导率/[W/(m·K)]	153	再结晶温度/K	423
熔化潜热/(kJ/kg)	360~377	沸点/K	1380
汽化潜热/(kJ/kg)	5150~5400	比热容/[kJ/(kg·K)]	0.8709
结晶时的体积收缩率/%	3.97~4.20	945K 下的表面张力/(N/m)	0.563

纯镁几乎不作为工程材料使用，而主要用于生产铝合金、炼钢脱硫、作为还原剂以及作为牺牲阳极保护阴极等使用。镁在工程领域的应用主要是与一些元素进行合金化后得到轻质高强的镁合金。镁的合金的元素有铝、锌、锰、钙、锑、锆、锂及部分稀土元素等，按照合金化学成分的不同，镁合金主要有 AZ 系（Mg-Al-Zn-Mn）、AM 系（Mg-Al-Mn）、AS 系（Mg-Al-Si-Mn）、AE 系（Mg-Al-RE）、ZK 系（Mg-Zn-Zr）、ZE 系（Mg-Zn-RE）等。不同系列的镁合金性能特点不同，应用场合亦不同。其中 AZ 系列的镁合金因具有较好的力学性能和铸造性能受到广泛应用。

与钢铁材料、铝合金材料等相比，镁及镁合金材料具有如下优点：重量轻，比强度、比刚度高，减震性能好，散热性好，可回收利用等。表 1—2 对比列出了 AZ 系镁合金与其他材料的性能。

表 1—2　镁合金和其他材料的常用性能对比

常用性能	AZ31 镁合金	AZ91 镁合金	A380	碳钢
密度/(g/cm³)	1.78	1.81	2.74	7.86
热导率/[W/(m·K)]	96	51	96	14
膨胀系数/[mm/(m·K)]	26	26	22	12
熔点/℃	650	596	660	1500
抗拉强度/MPa	240	250	315	517
比强度	135	138	116	80
屈服强度/MPa	147	160	160	400
弹性模量/GPa	45	45	71	200
比刚度	25.42	24.86	25.90	24.30

1.1.3　镁合金表面改性的必要性

尽管镁及镁合金具有一系列优点，其发展也受到了广泛关注，但是镁合金材料仍存在一些性能劣势，阻碍了它更广泛的应用及发展。究其原因有如下三点。

第一，在室温下，镁及镁合金的塑性较差。在室温下，镁只有一个滑移系 $\{0001\}\langle11\bar{2}0\rangle$，表现出很差的塑性变形能力。只有当温度升高至 498K 以上时，滑移系才会增多，出现 $\{10\bar{1}1\}\langle11\bar{2}0\rangle$ 滑移系。

第二，在室温下，镁合金的力学性能很低，特别是硬度等有待提高。

第三，镁及镁合金的耐腐蚀性能差。镁的标准电极电位为 $-2.37eV$，仅次于钾、钠、锂、钙等活性金属，见表 1-3。另外，镁合金中的第二相或杂质元素的存在会引起电偶腐蚀，导致镁合金表面很难自发形成表面膜来抵御腐蚀。尽管镁合金表面可以形成 MgO 膜，但是该氧化膜致密性较差，难以达到良好的保护效果。有研究发现，AZ 系列的镁合金具有较大的应力腐蚀倾向，合金元素 Al 的含量越高，镁合金的应力腐蚀倾向越大。

表 1-3　金属的相对电负性顺序

序号	1	2	3	4	5	6	7	8	9
元素	K	Na	Li	Ca	Mg	Zr	Be	Ti	Al

改善镁合金材料的性能缺陷、扩大镁合金材料的应用领域，对于镁合金材料的进一步发展尤为重要，这已成为国内外科学家研究的热点。可以通过改变材料的化学成分和组织结构，并在一定的工艺手段下，改变材料的整体性能。例如，对于镁合金材料，可以制备镁基复合材料来改善其性能缺陷，如 SiC 颗粒增强的镁基复合材料，B_4C 颗粒增强的镁基复合材料、TiH_2 纳米颗粒增强的镁基复合材料。但是，镁基复合材料的制备工艺相对复杂；另外镁的化学活性很高，易与增强相发生化学反应而改变增强相的结构及性能，严重影响复合材料的性能，而且二者之间的润湿性也是影

响复合材料特性的一个重要因素；更重要的一点是，制备出来的复合材料整体上已经不是原始的镁合金材料。

大量的实践经验和研究结果表明，金属构件失效的三大形式是断裂、腐蚀和磨损，它们都始于材料的表面。因而，从材料的成分、组织、性能之间的相互关系出发，选择合理的工艺方法对镁合金材料进行表面处理，可以改善镁合金材料表面的综合性能和服役行为，而不改变改性层以外的镁合金材料的原有特性。

1.2 镁合金表面改性的研究进展

镁合金的表面改性方法可概括为电化学方法、气相沉积方法、表面涂层法等。无论哪一种技术，都是在镁合金表面获得一层与基体材料化学成分不同或者微观组织结构不同的新材料区，与基体相比，该区域的表面性能得到改善（图 1-1）。

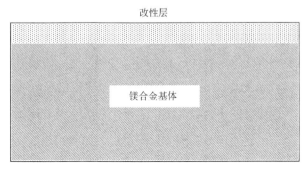

图 1-1 镁合金表面改性示意图

1.2.1 电化学方法

镁合金表面改性的电化学方法主要有电镀、化学转化膜、阳极氧化等方法。这些方法是将镁合金材料与特定溶液接触，它们之间发生化学或电化学反应，从而在镁合金表面形成附着力良好的膜层。

以化学转化膜为例，其工作原理是基体金属的外层电子与环境介质中的阴离子发生反应，在基体（镁合金）的表层获得不溶性的钝化层，能够保护镁合金不被其他介质腐蚀。镁合金表面的化学转化膜处理有无机转化膜法和有机转化膜法两种，以无机转化膜法居多。目前，镁合金表面铬酸盐转化膜法发展最成熟，以形成含 Cr^{3+} 和 Cr^{6+} 的混合氧化膜来保护镁合金表面，延缓腐蚀，其中，美国 Dow 公司开发的 Dow7 工艺已在工业上得到广泛应用。但是，自 2005 年欧Ⅲ标准颁布以来，规定进入欧盟成员国的每辆汽车的 Cr 含量必须小于 $10^{-3}g$，铬酸盐转化膜法在汽车行业的应用受到限制。磷酸盐转化膜法应运而生，但是该工艺过程中磷酸盐的消耗快，要保证电解液浓度不变，必须随时调整磷酸盐的含量，该工艺不稳定，影响最终的转化膜质量。最具代表性的无磷镁合金转化膜技术是基于 Ce 和 La 的转化膜方法。钟丽应等研究了 AZ91 镁合金以 $Ce(NO_3)_3$ 为主的稀土盐转化膜技术，获得了 Ce 含量高、致密的表面膜，镁合金的耐蚀性得到了显著提高。Liu 等进行 AZ91D 镁合金表面 La 转化研究，获得了由 La_2O_3、MgO 和 Al_2O_3 组成的转化膜，该膜层在腐蚀液中 10h 内具有与铬酸盐转化膜相当的耐腐蚀性能。一些新兴的镁合金表面无机化学转化膜技术正在兴起，如锡酸盐化学转化膜法、高锰酸盐化学转化膜法等。这些无机化学转化膜法都可以不同程度地提高镁合金表面的耐蚀性能，但是对环境有不同程度的污染。而以有机物作为电解液的镁合金化学转化膜耐蚀性好、易于降解、无毒无害，是理想的镁合金表面化学转化方法。无毒环保的有机酸化合物转化法在镁合金表面处理中受到了广泛重视，如利用草酸、植酸、单宁酸等作为溶液进行有机转化。化学转化膜法对镁合金表面进行处理，形成的保护膜层较薄，一般用于镁合金表面防腐处理，或者作为涂装的基底。

自 20 世纪四五十年代国外开始研究镁合金表面电镀技术以来，电镀镍、锌、铜、银、金等已逐步用于镁合金表面保护，它是借助电流作用将镀液中的金属离子还原并沉积在镁合金材料表面，得到致密的金属镀层。化学镀方法与电镀方法相似，不同的是采用化学还原剂来还原金属离子。比起钢铁材料、铝合金材料等，镁合金表面的电镀或电化学镀相对较困难。首先化学性质活泼的镁合金表面形成的 MgO 会影响沉积的金属离子与镁合金基材的结合，而且活泼的化学性质会导致 Mg 易于置换镀液中的金属离子，影响镀层质量；其次镁合金基体的不同相（如主相 α 和第二相 β）具有不同的电化学特性，导致金属离子的不均匀沉积，需要再次对镁合金表面进行严格的预处理，以防止表面杂质或孔隙成为镀层腐蚀孔隙的来源。

比较成熟的 Dow17、Anomag、Magoxid-coat、HAE 等阳极氧化工艺等也用于镁合金表面处理，它们都是以镁合金材料作为阳极，其他金属作为阴极，在一定的电压电流下，阳极镁合金表面被氧化形成内层致密较薄而外层多孔较厚的氧化膜。这种方法的优点是氧化物与镁合金基体结合良好、耐腐蚀等，而且形成的氧化物易被去除，镁合金基体可循环利用；缺点是起保护作用的氧化物膜层的脆性较大、不均匀，限制其广泛应用。

电化学方法是镁合金表面处理的有效方法之一，但是当镁合金用于一些恶劣条件下时，这些方法形成的表面层保护效果不理想，这是镁合金电化学表面处理的最大挑战之一。例如，由于镁合金的化学活性高，极易在表面形成疏松的氧化膜，所以在其表面改性之前常需进行严格的表面预处理。再如，镁合金中的一些金属间化合物，如 Mg_xAl_y 等，往往导致腐蚀表面电化学势不均匀，可能会使涂层表面产生缺陷，影响表面改性的效果。另外，在电化学工艺中一般要使用一些有毒的液体，对环境及人员的危害很大。

1.2.2　气相沉积方法

镁合金表面的气相沉积法主要有化学气相沉积（CVD）、物理气相沉积（PVD）和电子束物理气相沉积（EBPVD）等。这些方法最大的优势是用于复杂形状部件的表面改性。

CVD 法是将一种或几种含有薄膜组分的单质气体或化合物置于反应室，并与基体材料表面发生化学反应，在基材表面生成固态薄膜。Christoglou 等研究了利用 CVD 工艺在镁合金表面沉积 Al 层，但是气孔的存在使涂层成形不连续，甚至会提高腐蚀速率。Fracassi 等用等离子体增强的

CVD 工艺在 WE43 镁合金表面获得了 SiO_x 薄膜，在电解液中腐蚀初始时该膜层的电化学阻抗系数高达 $450k\Omega \cdot cm^2$，但随后由于膜层表面的孔洞使阻抗逐渐减小。Li 等利用等离子体增强 CVD 技术在镁合金表面制备了非晶 SiC 涂层，在模拟体液中进行浸泡，由于 SiC 涂层的存在减缓了 WE43 表面的降解力，另外进行的溶血试验和血小板粘附试验表明 WE43 表面沉积的非晶 SiC 涂层在生物医学应用上有着巨大的潜力。但是，CVD 法制备的涂层在 600℃以上热稳定性较差，且涂层与镁合金的结合较困难，制约了该法在镁合金表面改性的进一步发展应用。

PVD 法也常被用于镁合金的表面改性，PVD 法通常在真空中进行，将待沉积材料的表面气化为原子、分子或离子态，并在基体表面沉积，获得固态薄膜。PVD 法分为真空蒸镀、溅射镀膜、离子镀膜和分子束外延等。Yamamoto 等用 PVD 技术在 3N-Mg 镁合金表面沉积了纯镁，又在 AZ31 和 AZ91E 镁合金上沉积了 3N-Mg、4N-Mg 和 6N-Mg，在 NaCl 溶液中进行盐雾腐蚀检测了薄膜的腐蚀性能，发现该膜层的耐腐蚀性较好，这种技术有利于镁合金的循环利用，发展前景良好。霍宏伟等采用 PVD 法在 AZ91D 镁合金表面沉积 Al 材料，但是铝和镁合金的热胀系数的差异导致了膜层与基体的结合力较差。PVD 沉积多层膜技术也已被用于镁合金表面处理，Altun 等采用磁控溅射技术在 AZ91 镁合金表面制备了致密的 AlN/TiN 薄膜，镁合金表面的硬度和耐腐蚀性能得到了提高。Hoche 等在 AZ91 镁合金表面沉积了 CrN 和 TiN 的多层薄膜，该薄膜的附着力强、耐磨性和耐蚀性良好。

尽管 CVD 和 PVD 等气相沉积法对环境污染小，但其设备昂贵、成本高，而且沉积速率非常缓慢，改性薄膜层的厚度有限，对镁合金表面的改性效果并不理想。

1.2.3 表面涂层方法

表面涂层方法也常被用于金属材料，特别是钢铁和镁合金材料的表面改性处理。例如，热喷涂、等离子喷涂和高速喷涂等技术已被用于镁合金涂层处理。

热喷涂技术是通过火焰或电弧等热源，将粉末状或线状的喷涂材料加热至半熔化或熔化状态，并以高速熔滴状喷向基体表面形成强化喷涂层。镁合金表面热喷涂铝材料的研究较多，在热喷涂形成喷涂层的过程中，涂层中的 Al 元素和基体表面的 Mg 元素相互扩散并形成 $\beta\text{-}Mg_{17}Al_{12}$，涂层与基体结合良好，镁合金表面的耐磨、耐蚀性得到了改善。近年来，多用热喷涂法在镁合金表面制备陶瓷涂层。叶宏等在 AZ91D 镁合金表面火焰喷涂了 $Al\text{-}Al_2O_3\text{-}TiO_2$ 梯度涂层，陶瓷层与梯度 Al 层及镁合金基体结合牢固，耐磨性和抗热震性较好。又采用火焰喷涂在 AZ91D 表面获得了 $Al_2O_3+TiO_2$、Cr_2O_3 和 ZrO_2 等约 $50\sim100\mu m$ 厚的陶瓷涂层，该涂层再经封孔处理，耐蚀性也得到了很大程度的提高。

等离子喷涂技术在镁合金表面改性的使用比传统热喷涂涂层的结合强度高、气孔率低且喷涂效率高，扩大了传统热喷涂的应用范围。报道最多的是采用等离子喷涂法在镁合金表面制备的 Al 涂层以及 Al＋SiC 复合涂层等，但是表面涂层添加 SiC 可能会导致较高的气孔率。张忠明等在 AZ31 镁合金表面等离子喷涂制备了 $Al_{65}Cu_{23}Fe_{12}$ 涂层，显微硬度和耐蚀性都得到了提高。但是，镁合金表面等离子喷涂层多存在孔隙，会降低涂层的表面质量，因而，常采用后处理技术提高涂层的致密度。另外，等离子喷涂形成的涂层与镁合金基体的结合度不够高，也需要采用后热处理来提高结合强度。也有在镁合金基体表面喷涂锌涂层来改善这一缺点的，但是制备的锌涂层在提高表面耐蚀性方面的作用不显著。现在，出现了一些等离子喷涂后重熔技术（如激光重熔、电子束重熔等）在镁合金表面获得更高性能的涂层，如采用等离子喷涂＋激光重熔工艺在 AZ91HP 表面制备的 Al_2O_3 涂层的硬度、耐磨性和耐蚀性都显著高于单一喷涂涂层。

高速喷涂技术（HVOF）多用于在镁合金表面喷涂硬质材料，如 WC 颗粒等。Parco 等利用 HVOF 技术在 AE42 和 AZ91D 镁合金表面制备了 WC-Co 涂层，部分熔化的颗粒在高速运动中有利于实现强结合以及形成致密的涂层。近年来，有报道将 HVOF 技术和电弧喷涂方法结合用于镁合金表面处理，同时辅以预热和后热处理，在镁合金表面喷涂制备了 NiCr、NiCr＋Cr_3C_2、$AlSi_{50}$ 涂层等。

1.2.4　激光表面处理

激光技术已经应用于几乎所有的材料加工领域，如快速成型（近净成型、快速原型等）、机械加工（打孔、切割和微加工等）、焊接、表面改性等。虽然当前激光表面改性在激光加工技术领域的比重较小（＜5％），但是激光表面改性技术用来提高轻质合金、生物材料和摩擦材料等的表面性能的作用已越来越重要。

CO_2 激光器、Nd：YAG 激光器、半导体激光器和准分子激光器都已应用于材料的激光表面改性。激光表面改性的优点是：无接触加工、易于实现自动化、快速加工、柔性制造、热影响区小，而且对于绝大多数材料可以获得新的微观组织结构。基体材料和添加材料的性能（包括吸收率、热传导率、熔点、沸点、比热容、潜热等）以及激光加工参数（激光波长、激光强度、激光作用时间及激光扫描速率等）将影响激光和材料的相互作用以及对材料表面性能改善的效果。最终形成的改性材料的相结构、微观组织等取决于材料和激光相互作用过程中的多种因素，包括冷却速率、温度梯度、凝固速率、熔体的对流、界面效应、元素蒸发等。

根据激光和材料的相互作用机制以及改性层的微观组织结构和组成对材料性能的影响，激光表面处理技术可分为激光表面加工硬化、激光表面熔凝、激光表面合金化、激光表面熔覆和激光冲击强化等。这些方法中，除激光表面加工硬化和激光冲击强化之外，都存在基体材料和/或添加材料的熔化凝固行为。

1.3　镁合金激光表面改性的研究进展

1.3.1　镁合金激光表面改性

镁合金激光表面改性是将高能量的激光束聚焦于镁合金材料表面并快

速扫描，镁合金表面受激光辐照区域瞬间形成很薄的熔池，镁合金熔池随后凝固结晶，形成表面改性层。

镁合金激光表面改性根据是否改变镁合金基体的成分分为两类。第一类，不改变镁合金基体的成分，主要是激光熔凝处理，将高能量的激光束直接辐照镁合金材料表面，不添加其他任何材料（基材的表面预处理材料除外），将镁合金材料的表层熔化，然后依靠镁合金基材自身的传热吸收热量，达到自身冷却凝固的效果。第二类，改变镁合金基体的成分，主要包括激光表面熔覆和激光表面合金化，这两种技术都是采用一定的方式在镁合金基体表面预置一定厚度的熔覆材料，激光束照射熔覆材料并快速扫描，使熔覆材料与镁合金基体表面结合，形成改性层。但不同的是，镁合金激光表面熔覆时，熔覆材料受热完全熔化并与镁合金基体的极薄熔化层冶金结合，镁合金基体的稀释率很小且对熔覆层的成分影响小；镁合金激光表面合金化时，在熔融的镁合金基材表面加入设计的合金元素，稀释率较大，从而形成以镁合金基材为基的新合金层。三种镁合金激光表面改性方法的工艺对比示意见图 1-2。

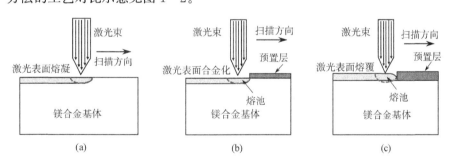

图 1-2　镁合金激光表面改性方法的工艺对比

1.3.2　镁合金激光表面改性的快速凝固理论

不论哪一种镁合金激光表面处理技术，都包括如下几个过程：材料吸收激光、能量传递转换、材料受热熔化、材料组织改变和熔池的冷却凝固，简言之就是加热和冷却凝固。镁合金的激光表面改性具有急冷急热的特点，属于快速凝固的领域。

快速凝固是使合金熔体在大于 $10^4 \sim 10^6$ K/s 的冷却速率下冷却，在大过冷度下产生高生长率的凝固。不同的凝固工艺方法，其冷却速率、凝固体的组织结构不同，见表 1-4 和表 1-5。

表1-4 冷却速率与凝固体特征的关系

冷却		凝固体特征		
冷却速率/(K/s)	名称	凝固方法	极限厚度	枝晶臂间距
$10^{-6} \sim 10^{-3}$	十分慢	大型砂型铸件和一些人工晶体	>6m	$0.5 \sim 5.0 \mu m$
$10^{-3} \sim 10^{0}$	慢	标准铸件和绞线	0.2~6.0m	$50 \sim 500 \mu m$
$10^{0} \sim 10^{3}$	近快速	薄带、压铸和常规原子化	6~200μm	$5 \sim 50 \mu m$
$10^{3} \sim 10^{6}$	快速	细粉原子化、熔体压铸和吸铸	0.2~6.0μm	$0.5 \sim 5.0 \mu m$
$10^{6} \sim 10^{9}$	超快速	喷射沉积、熔体旋转、电子书和激光束上釉	6~200μm	$0.05 \sim 0.50 \mu m$

表1-5 合金的凝固体系变化

凝固速率增大	方式一:完全平衡或准平衡（整个液相和固相的完全扩散平衡）	液相和固相的成分均按平衡相图变化； 不存在化学势梯度、浓度梯度和温度梯度； 满足杠杆定律
	方式二:近平衡（液/固界面的局域平衡）	液/固界面符合平衡相图； 液/固界面曲率无限大时，必须考虑吉布斯-托马斯效应
	方式三:远平衡（液/固界面的亚稳局域平衡）	形成亚稳相和亚稳组织； 局部界面（液相和亚稳相）符合亚稳平衡相图； 溶质分凝，液相扩散需考虑凝固速率的影响； 液/固线温度明显变化
	方式四:极端不平衡（液/固界面处于非平衡状态）	平衡相图、亚稳平衡相图都无效； 无偏析、无扩散； 液-固相变符合吉布斯自由能下降规律； 形成微晶、准晶、非晶

在合金的凝固系统中，随着凝固冷却速率的增大，过冷度增大，该合金体系中出现热力学与动力学模式也不尽相同。当合金熔体的冷却凝固速

率极低时，按方式一凝固，形成平衡凝固组织。冷却凝固速率提高，在常规的凝固工艺条件下，按方式二凝固，局部区域仍然处于平衡状态。冷却凝固速率进一步提高，局部区域的平衡不存在，亚稳相具有更高的形核和生长速率，形成了亚稳相和亚稳组织（方式三）。当冷却凝固速率非常高甚至达到极端冷却条件时，固/液凝固界面完全偏离平衡状态，形成非平衡组织（方式四）。镁合金的激光表面改性处理过程就是以方式四凝固结晶的。

当提高镁合金熔体的凝固冷却速率，使之快速凝固，并以方式三甚至方式四凝固时，对于镁合金的组织性能有如下影响。

1.3.2.1　细化晶粒

镁合金快速凝固的最显著的特点之一是晶粒的细化。熔体的结晶凝固过程就是形核和长大的过程，快速凝固时，熔体的形核率提高，晶核的生长时间很短、生长速率很快，使最终的凝固组织的晶粒可以高度细化。

1.3.2.2　扩大固溶度

镁合金经快速凝固后，原子半径在±15％范围内的溶质原子更多地固溶入 α-Mg 中，这非常有利于增加合金元素的溶解度。而且，若凝固速率非常快甚至会形成单向固溶体。

1.3.2.3　减小偏析

当凝固冷却速率提高实现快速凝固，可使晶粒细化，枝晶间距亦减小，如图 1-3 所示，因而偏析减小。特别地，当以方式四凝固时，亦即凝固冷却速率超过溶质原子的扩散速率时，溶质原子的扩散来不及发生就被抑制，且凝固组织被高度细化，将形成几乎无扩散、无偏析的微观组织。

1.3.2.4　形成非平衡相

冷却速率提高，在第三和第四种凝固模式下，整体和局部的平衡凝固都被打破，抑制平衡相的析出，从而形成了非平衡相，甚至纳米晶、准晶、非晶。

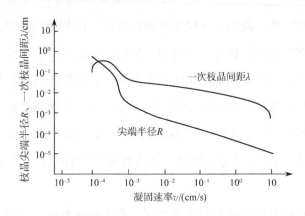

图 1-3　枝晶尖端半径 R、一次枝晶间距 λ 与凝固速率 v 的关系

镁合金的快速凝固技术分为急冷凝固技术和大过冷凝固技术，这两种技术的核心都是提高镁合金熔体的凝固冷却速率。急冷凝固技术是通过提高镁合金熔体凝固时的传热能力和速率来实现的，包括模冷技术、雾化技术和表面处理等。大过冷凝固技术是以均质形核条件为手段达到大过冷效果实现快速凝固，包括熔滴弥散法和大体积过冷法等。镁合金的激光表面改性处理属于急冷凝固技术的一种。自 20 世纪 50 年代将快速凝固技术应用于镁合金材料后，镁合金作为工程材料的应用范围得到了极大的扩展。国外，尤其是欧美各国的许多研究机构进行了镁合金的快速凝固的研究开发。20 世纪 60 年代，美国的 Dow 公司采用旋转雾化和气体雾化技术实现了镁合金的快速凝固，并实现了商业化生产。20 世纪 70 年代，美国联信（Allied Signal）公司和佩希内（Pechiney）/海德鲁（Norsk-Hydro）公司又开发出了熔体旋铸技术和双辊淬火技术，为镁合金的快速凝固提供了新的方式。日本的 Inoue 等采用单辊熔体旋铸技术制备了屈服强度大于 600MPa 的快速凝固镁合金。此外，韩国机械与材料研究所的 You、韩国忠南大学、美国阿克伦（Akron）大学的 Srivatsan 等进行了大量的镁合金快速凝固研究。在国内，重庆大学的丁培道、中国科学院金属研究所的张海峰、西安理工大学的徐锦锋、大连理工大学的李廷举和腾海涛、湖南大学的严红革等采用快速凝固技术对非平衡凝固的镁合金进行研究，取得了

有价值的试验研究成果。

1.3.3 镁合金激光表面改性的研究进展

1.3.3.1 镁合金激光表面熔凝

镁合金激光表面熔凝是以一定功率密度的激光束照射镁合金材料，以引起镁合金材料局部表面熔化。熔化区的镁合金材料在随后的快速凝固过程中形成细晶结构组织。熔化和凝固发生在很短的作用时间内（小于几秒钟），而且只发生在受激光辐照的镁合金材料表面，镁合金基体基本不受影响。可以通过多道搭接来实现更大面积的激光表面熔凝改性。

激光表面熔凝已经被广泛应用于镁及镁合金的表面改性。镁合金表面性能的改善主要是由于改性区域的树枝晶的细化。虽然激光熔凝不加入其他化学成分，但是镁合金表层的某些合金元素可能会蒸发。改性区的熔深和熔宽以及晶粒尺寸、枝晶臂间距等取决于入射激光功率、扫描速率、激光光斑尺寸等。表 1－6 列出了镁合金激光表面熔凝的激光工艺。高功率的 Nd：YAG 激光和 CO_2 激光常用于镁合金的激光表面熔凝，镁合金改性层的熔深可达 2mm。入射激光的光束分布也通过影响熔池形状而影响改性层的横截面形状。当需要大面积的改性区域而进行多道搭接熔凝时，由于受到二次热影响，搭接区的微观结构与未搭接区存在差异，可能会导致不均匀的表面性质。激光表面改性区的微观结构和成分的相对均匀性可以通过最小搭接区得到改善。由于镁合金的化学活性较高，其激光表面熔凝过程通常需要惰性气体保护，以避免不良的表面氧化和其他化学反应进行。

表 1－6 镁合金激光熔凝的工艺

镁合金	激光器	激光功率 P/kW	扫描速率 $v/(mm/min)$	光斑直径 d/mm	搭接率 $/\%$
AZ91D	Nd：YAG	3.0	600	1.00	50
ACM720	Nd：YAG	2.0	600	3.80	5
ZE41	Nd：YAG	—	—	2.00	

镁合金	激光器	激光功率 P/kW	扫描速率 $v/(mm/min)$	光斑直径 d/mm	搭接率 $/\%$
ZE41	Nd:YAG	8.2~1.8	12000~19875	—	50
AZ91D	Nd:YAG	—	600		—
AM50A	CO_2	1.0	300~800	3.00	50
AZ91D	CO_2	0.8~1.4	600		
AZ91D	CO_2	0.6~1.4	600	0.15	
MEZ	CO_2	1.5~3.0	100~300	4.00	
Mg~Y~Zn	CO_2	2.0	1700	4.00	25
AM60B	HPDL	0.6	2700		30
AZ91D	HPDL	0.375	5400		
WE43	HPDL	0.5~1.5	1200	0.60	
AZ31	HPDL	1.5	3000	2.00	50
AZ61	HPDL	1.5	3000	2.00	50
AZ91D	准分子激光	0.08	—	4.00	20

　　铸造镁合金一般是粗晶结构特征（晶粒尺寸 $50\sim250\mu m$），由初生 α-Mg 和共晶组织（α-Mg＋金属间化合物）组成。镁合金激光表面熔凝可使镁合金改性层的晶粒细化至 $1\sim10\mu m$。激光熔凝的快速凝固速率更易于形成部分或完全离异共晶组织以及初生树枝状/柱状的 α-Mg。激光熔凝过程中可能会发生某些元素（Mg、Zn 等）的选择性蒸发、某些元素（Al 等）的富集，这些化学成分的变化往往会影响改性层的腐蚀行为。Dube 等研究了 AZ91 和 AM60B 镁合金的激光表面熔凝。激光熔凝的高冷却速率导致改性层晶粒细化和树枝晶连成网状，由于沿着熔深方向熔体的冷却速率降低，熔凝表层的枝晶细化程度最好（$<1\mu m$）。但是因为 Mg 元素的选择性蒸发，在改性表层引起了 Al 元素的富集。另外，激光熔凝后，Fe、Ni 和 Cu 等其他元素的平均浓度没有发生变化。MEZ 镁合金经激光熔凝后形成了晶粒细化、无裂纹的熔凝层，Zn 和 Ce 元素沿晶界富集，但是 XRD 中未见与 Zn 和 Ce 有关的衍射峰。Abbas 等对 AZ31、AZ61 和 WE43 镁合金进行激光熔凝，微观组织结构与其他人的研究结果相似。Mondal 等报道了对

ACM720 的激光熔凝，熔凝层的晶粒细化程度更高，原铸造镁合金的晶粒大小为 $40\sim135\mu m$，而熔凝层的晶粒尺寸为 $1.5\sim7.0\mu m$，熔凝层是柱状晶和枝晶臂间距 $2\mu m$ 的树枝晶的混合。α-Mg、Al_8Mn_5 和 $Ca_{31}Sn_{20}$ 是熔凝层的主要组成相，快速加热和快速凝固导致了原铸造镁合金的 Al_2Ca 分解，另外由于快速凝固抑制了金属间化合物的形成，故未见 β-$Mg_{17}Al_{12}$ 相。而且由于 Mg 元素的选择性蒸发，熔凝层中的 Mg 元素含量也降低了。

由于晶粒细化和固溶强化的作用，镁合金经激光熔凝后会产生很高的表面硬度（通常是原始镁合金的 $2\sim4$ 倍）。枝晶尺寸自表面至镁合金基体逐渐增大，相应的显微硬度则逐渐降低。Lv 等对熔凝层的各个区域分别进行研究分析，一区是熔凝层的顶部，具有最细化的晶粒和最高的硬度；二区是中部，具有较大的组织和中等硬度值，三区是热影响区，四区是硬度最低的基体。Majumdar 等研究了激光功率和扫描速率对 MEZ 镁合金激光熔凝的硬度的影响，当激光功率为 1.5kW 和扫描速率为 200mm/min 时，熔凝层的最高硬度可达 100HV。当激光功率增大时，由于冷却速率较慢，熔凝层的组织变粗大，其硬度也随之降低；激光扫描速率增大会导致更快的冷却速率，因而获得更加细化的微观组织和更高的表面硬度。Liu 等也研究了镁合金熔凝层横截面的显微硬度，熔凝层的硬度（150HV）明显比基体的（75HV）提高。

镁合金激光表面熔凝区硬度的提高会导致耐磨损性能的改善。Mondal 等测试了 ACM720 镁合金激光熔凝后的磨损行为，磨损载荷在 $5\sim20N$ 之间变化时，熔凝层的磨损失量比原始镁合金低，磨损面呈现典型的微犁沟和切削痕迹。对 AZ31 和 AZ61 的激光熔凝层的磨损研究发现，硬质的金属间化合物 β-$Mg_{17}Al_{12}$ 成了磨损过程中的裂纹扩展的障碍，使熔凝层的耐磨性提高。Lv 等研究了激光熔凝 Mg-Y-Zn 镁合金的磨损行为，当负载为 20N 时，摩擦系数约为 0.9；但是当负载由 20N 增加至 320N 时，摩擦系数逐渐降低（甚至低至 0.2），这是因为摩擦过程中较高的负载会软化镁合金材料。对于不同微观组织结构的熔凝层和原始镁合金，摩擦系数都呈现出这种变化趋势。熔凝层中形成的 $Mg_{12}ZnY$ 强化相阻碍了磨损过程中裂纹的扩展，改善了镁合金表面的磨损性能。

镁合金激光熔凝层的腐蚀行为目前没有统一的研究结果和理论。Guo 等研究了 WE43 镁合金激光熔凝后的腐蚀行为，原始镁合金的腐蚀面上有明显的点蚀迹象和 $Mg(OH)_2$ 腐蚀产物。但是熔凝层浸泡在 3.5%NaCl 溶液中 4h 后，没有腐蚀现象发生。当激光扫描速率较慢时，相应的熔凝层的腐蚀电流最低，阳极电流和阴极电流都表现出降低的趋势。镁的氧化物和氮化物的形成导致阳极电流的减小，激光熔凝过程中 $Mg_{12}Nd$ 的溶解降低了阴极电流。Abbas 等还研究了激光熔凝对于不同镁合金 AZ31、AZ61 和 WE43 的腐蚀性能的影响，当激光功率为 1.5kW、扫描速率 160mm/s、搭接率为 50% 时，Al 含量较高，AZ61 的腐蚀性能比 AZ31 的好，稀土元素的存在使 WE43 熔凝层表现出更好的耐腐蚀性能。这三种镁合金经激光熔凝后耐腐蚀性能的提高都是由于 α-Mg 的细化和 β 相的重新分布。AZ91HP 的激光熔凝研究报道，晶粒由 150~250μm 细化至 1~4μm，熔凝区 Al 元素含量增大，使其耐腐蚀性能提高。但是熔凝层的搭接区和未搭接区的耐腐蚀性能存在差异，搭接区经过二次熔化凝固表现出较高的腐蚀速率。也有研究发现，镁合金经激光熔凝后，耐腐蚀性能并没有明显提高，甚至出现降低的趋势。AZ91D 和 AM60B 经激光熔凝后，$Mg_{17}Al_{12}$ 含量增加，耐腐蚀性能降低。ACM720 镁合金经激光熔凝后耐腐蚀性能没有明显的改善，在腐蚀表面观察到了不连续的 $Mg(OH)_2$ 腐蚀产物，而且熔凝层的 $Mg(OH)_2$ 更多。

1.3.3.2 镁合金激光表面熔覆

镁合金激光表面熔覆是将一定厚度（通常大于 500μm）的与基体性能不同的熔覆材料置于基体材料表面，在激光辐照下达到冶金结合而形成熔覆层。熔覆层与基体的结合界面的化学反应对能否形成冶金结合非常重要。熔覆材料的快速熔化凝固将导致晶粒细化、固溶度增加以及非平衡相的产生，而在这过程中基体材料的微观结构没有显著变化。通常熔覆材料通过预置或同步送粉方式与基体材料冶金结合，熔覆材料的种类很多，包括金属合金、陶瓷、复合材料或非晶合金。激光熔覆的方法常用于修复部件，但其在表面改性领域也有着巨大的潜力。

近些年，镁合金激光表面熔覆采用的熔覆材料有 Al-Si 合金粉、Al-Cu 合金粉、Al-Si-Al_2O_3、Al-Si-WC、Zr 基非晶态合金等，表 1-7 列出了一些相关的激光熔覆信息。

表 1-7 镁合金激光熔覆相关工艺

镁合金	激光器	熔覆材料	激光功率 P /kW	光斑直径 d /mm	扫描速率 v /(mm/min)	熔覆层厚度 S /μm
AZ91D	CO_2	Si	5.0	4.0	—	—
AZ91D	CO_2	Al-Si	1.5~2.5	3.0	120~600	—
ZE41	YAG	Al-Si	1.5	4.0	300~500	—
AZ91D	YAG	Al+SiC	—	3.0	—	600
AZ91D	CO_2	Ni+WC	1.2	5.0	1200	—
AZ31B	CO_2	Cu+Ni	1.5	3.0	360	1000
AZ91HP	CO_2	Ti-Ni-Al	4.0	4.0	360	—
MEZ	CO_2	Al+Al_2O_3	1.5~4.5	4.0	100~1000	1500
MRI 153M	YAG	Al+Al_2O_3	—	0.5	1260~5040	—
Mg	YAG	Al-Co-Cr-Cu-Fe-Ni	0.3	1.0	120	350
AZ91D	YAG	NiAl-Al_2O_3	0.7	3.0	800	—
AZ91D	CO_2	Ce(NO_3)$_3$	0.3	5.0	400	—

Jun 等在 AZ91D 镁合金表面激光熔覆了 Al+Si+Al_2O_3，镁合金表面的耐腐蚀性能因此得到了改善。当激光功率和扫描速率改变时，熔覆层的宏观尺寸以及其中的 Al、Si 和 Al_2O_3 的体积率变化很大。Liu 等研究了不同熔覆材料比例(Al∶Al_2O_3=2∶1、3∶1、4∶1)对熔覆层的微观结构的影响，α-Mg、$Al_{12}Mg_{17}$ 和 Al_2O_3 颗粒均匀分布在整个熔覆层中，只是当 Al∶Al_2O_3=2∶1、3∶1、4∶1 时，$Al_{12}Mg_{17}$ 的体积分数分别为 19.3、15.2 和 10.6，这是由 Al 含量的减少导致的。AZ91HP 镁合金表面激光熔覆 Al(33%,质量

分数)-Cu 合金可以提高其表面耐腐蚀性能,熔覆层中形成了 $AlCu_4$、$Mg_{17}Al_{12}$ 和 $AlMg$。Yue 等进行了激光熔覆 Zr 基非晶的研究,熔覆层为 1.5mm 厚的 $Zr_{65}Al_{7.5}Ni_{10}Cu_{17.5}$,非常快的冷却速率使熔覆层中形成了不含 Mg 元素的非晶结构,这对于非晶的形成是非常重要的。Yue 和 Su 还通过激光熔覆在镁合金表面制备了 3mm 厚的非晶熔覆层,而且熔覆层的表层完全为非晶结构;但是熔覆层中局部有晶化的迹象,出现了尺寸约为 30nm 的析出相;在熔覆层的底部更是观察到了六方结构的 $Zr_{65.4}Al_{11.7}Ni_{11.6}Cu_{11.3}$ 和体心立方的 $Zr_{67.0}Al_{1.7}Ni_{8.4}Cu_{22.9}$。激光熔覆 Zr 基非晶同时加入 SiC 强化相时,形成了新相 ZrC,该相的形成并不会影响非晶的形成以及非晶结构的热稳定性,反而会对镁合金表面的熔覆层起到强化作用。梯度材料 Ni/Cu/Al 也被成功激光熔覆于镁合金表面,熔覆层厚度约为 $2000\mu m$(其中 Ni 层约为 $500\mu m$,Cu 层约为 $1000\mu m$),激光熔覆后的 Ni/Cu、Cu/Al、Al/Mg 界面都不存在裂纹和空隙。

根据熔覆材料的不同,镁合金表面激光熔覆层表现出不同的表面性能,如硬度、耐磨性和耐蚀性能。镁合金的显微硬度大约为 50HV,当 Ni/Cu/Al 作为熔覆材料时,当形成 y_1、λ_1 和 λ_2 相时,熔覆层的显微硬度可达 $550\sim600HV$,当形成 $Zr_{65}Al_{7.5}Ni_{10}Cu_{17.5}$ 非晶时,熔覆层的显微硬度高达 800HV。与表面喷涂、表面烧结等工艺相比,AZ91HP 表面激光熔覆 Al_2O_3 陶瓷时,熔覆层的硬度是喷涂改性层的 1.6 倍,是烧结改性层的 1.3 倍。当镁合金表面激光熔覆 Al-Cu 合金时,由于形成了 $AlCu_4$,熔覆层的耐磨性比基体提高了约 9 倍;当激光熔覆 Al-Si 合金时,形成的过饱和固溶体 α-Mg 及金属间化合物 $Mg_{17}Al_{12}$、Mg_2Si 和 Al_3Mg_2 等,加上晶粒细化作用,熔覆表层的耐磨性比原始镁合金约低 72%。在激光熔覆 Al-Si 合金的基础上添加 SiC 粉末时,AZ91D 镁合金表面的激光熔覆层形成了 SiC 和 $Mg_{17}Al_{12}$,当熔覆材料中的 SiC 粉末的质量分数达 30% 时,SiC 的弥散强化效果显著,熔覆表面的耐磨性最好。以 Al_2O_3 陶瓷取代 SiC 陶瓷,采用等离子喷涂和激光熔覆结合方法在 AZ91HP 表面熔覆 Al-Si 合金和 Al_2O_3

陶瓷粉末时，熔覆层由疏松的亚稳相 γ-Al_2O_3 转变为致密的柱状 α-Al_2O_3，表面耐磨性明显优于原镁合金表面。在各种熔覆材料中，以 Cu 基合金和非晶合金对镁合金表面耐蚀性的改善程度最好。如在 AZ91HP 表面熔覆 Cu-Zr-Al 合金涂层，由于熔覆层中多种金属间化合物 ZrCu、Cu_8Zr_3、$Cu_{10}Zr_7$、$Cu_{51}Zr_{14}$ 的增强作用，耐蚀性是原始镁合金的 13 倍。而在 AZ91D 镁合金表面熔覆 Ni-Zr-Al 涂层，由于非晶组织的形成，熔覆层的腐蚀速率几乎为零。有研究人员对镁基复合材料的激光表面改性进行了研究，在 ZK60/SiC 复合材料表面激光熔覆 Al-Zn 粉末后，由于表面组织均匀化和细化以及表面微空的消失，自腐蚀电位正移了 300mV，自腐蚀电流降低了 3 个数量级。

镁合金激光表面熔覆时，采用的熔覆材料不同，熔覆层中会形成完全不同的组织结构，相应地对镁合金表面硬度、耐磨性、耐腐蚀性能的改善程度亦不同。若要获得表面成型良好、无裂纹气孔等缺陷、表面性能优异的熔覆层，熔覆材料种类、熔覆材料的质量比例、激光熔覆工艺等都起着非常重要的作用。

1.3.3.3　其他镁合金激光表面改性技术

激光合金化、激光冲击等技术也陆续用于镁合金材料的表面改性，但相较于激光熔凝和熔覆处理，激光合金化层的厚度较小，而激光冲击的机制又不同于其他三种方法。

镁合金表面激光合金化所用材料以 Al 基合金粉为主，也有一些以 Ni 基合金粉、硅粉等作为合金化材料，合金化层中强化相的出现在不同程度上提高了镁合金表面的硬度和耐磨性。

激光冲击是通过激光在镁合金表面产生的强冲击波使表面镁合金塑性变形，从而改善镁合金表面性能，这种变形对于改善材料的疲劳性能尤为重要。近年来，陆续开始对镁合金表面激光冲击工艺、冲击后的组织结构及疲劳性能进行了研究。

1.4 小结

本书以 AZ31B 镁合金为对象进行激光表面改性处理，研究冷却环境对镁合金激光表面改性的影响，以及在改性过程中镁合金材料的熔化凝固行为，并阐述分析镁合金的激光改性机制，为镁合金激光表面改性提供理论和技术支持。主要研究内容如下。

（1）CO_2 激光与镁合金材料的相互作用机制。针对镁合金材料的物理化学特性及性能特点，分析讨论 CO_2 激光辐照到镁合金材料表面的传热、传质过程以及激光与镁合金材料的相互作用。

（2）研究分别在氩气、水、淬火油和液氮四种不同冷却介质中冷却后的镁合金颗粒的微观组织和显微硬度，为镁合金在不同冷却介质中冷却的激光表面改性研究提供可行性依据。

（3）研究在氩气环境中进行的镁合金表面激光熔凝后的微观组织结构，包括表面熔凝层的不同部位的微观组织、成分变化、析出相、位错等，考察激光熔凝后的显微硬度、耐蚀性能、耐磨性等。

（4）为进一步提高熔体的冷却速率，进行液氮冷却环境中的镁合金激光熔凝。分析冷却速率提高后，熔凝层的凝固行为及微观组织结构特征，从晶粒尺寸、析出相类型和尺寸、非晶和纳米晶形成等方面对比分析与在氩气冷却环境中改性的不同，并讨论该特殊微观结构对熔凝层的性能特征的影响。

（5）以 Al-Si 合金粉＋纳米 Si_3N_4 粉末的混合粉末为熔覆材料，进行快速冷却下的镁合金激光表面熔覆，研究熔覆粉末的比例组成对熔覆质量的影响，分析熔覆层与基体的界面特征、熔覆层的组织结构及表面性能等，同时探讨熔覆过程中熔池的对流特征。

（6）讨论快速冷却下的镁合金激光表面改性行为，从热力学和动力学方面分析熔池的形成、凝固及结晶行为、非晶和纳米晶的形成机理，并从细晶强化、位错强化、固溶强化等方面阐述镁合金激光表面改性的机制。

本书的研究技术路线如图 1—4 所示。

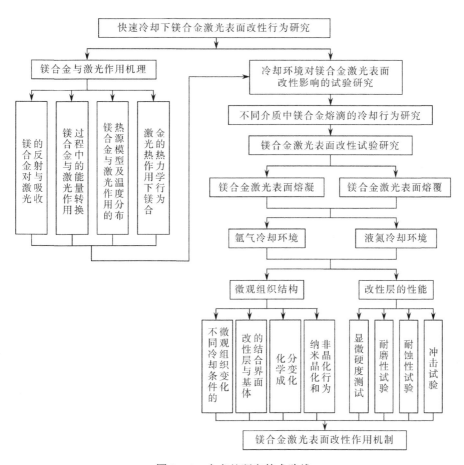

图 1—4　本书的研究技术路线

第 2 章　激光与镁合金的作用机理

2.1　引言

镁合金激光表面改性的前提是激光被表层镁合金吸收，使表层材料熔化，并产生相互作用。本章针对镁合金材料的物理化学特性，通过理论推导和数值模拟，从镁合金材料对激光的反射与吸收、能量转换、温度分布、激光热作用下镁合金材料的热力学行为等角度讨论了激光与镁合金材料的相互作用机制。这些将为镁合金激光表面改性提供理论依据，并有助于激光表面改性作用机理的研究。

2.2　镁合金激光表面改性的特征

激光与镁合金材料的相互作用，通常将其分为两个范畴：一是激光功率密度小于 $10^8\,\mathrm{W/cm^2}$ 的低温范畴，镁合金材料完全没有离化，激光表面改性即属于这一范畴；二是激光功率密度大于 $10^8\,\mathrm{W/cm^2}$ 的高温范畴，此时受激光辐照的镁合金材料变为等离子体状态。在低温范畴内，根据作用激光的能量密度的不同，又可以进行不同的表面改性处理，见表 2—1。

表 2—1　低温范畴的激光加工工艺

工艺方法	功率密度/(W/cm^2)	冷却速率/(K/s)
激光淬火	$10^4 \sim 10^5$	$10^4 \sim 10^6$
激光熔凝	$10^4 \sim 10^6$	$10^4 \sim 10^6$
激光熔覆	$10^4 \sim 10^6$	$10^4 \sim 10^6$
激光合金化	$10^4 \sim 10^6$	$10^4 \sim 10^6$
激光非晶化	$10^6 \sim 10^{10}$	$10^6 \sim 10^{10}$

本书所进行的镁合金激光表面改性（激光熔凝和激光熔覆），主要是表层镁合金或者熔覆材料和表层镁合金受热快速熔化及随后的快速冷却，这个加热冷却过程非常快，不可能达到热力学平衡态，故不能采用平衡态热力学理论解释其中的能量和物质的传递，这一过程中激光与镁合金的相互作用极其复杂。此外，镁合金熔池存在的极短时间内液固相并存、液固相转变、熔池不同部位能量及物质差异、缺陷产生等都对改性质量有重要影响。

2.3　镁合金对激光的反射与吸收

镁合金材料激光表面改性，前提是辐照到镁合金材料表面的激光被镁合金吸收，激光能量才能转换为热量，才能产生热效应。

根据能量守恒定律，激光束照射到镁合金材料上时，要满足

$$R + T + A = 1 \qquad (2-1)$$

式中，R ——镁合金材料对激光的反射率；

$\qquad T$ ——镁合金材料对激光的透射率；

$\qquad A$ ——镁合金材料对激光的吸收率。

镁合金材料为非透明材料，故 $T \approx 0$，式(2-1)变为

$$R + A = 1 \qquad (2-2)$$

镁合金材料是金属材料，以金属键结合，当激光束作用于镁合金时，激光的电磁场与镁合金相互作用，即激光的光子与镁合金中的电子首先发生非弹性碰撞并被电子吸收，吸收了光子的电子即由低能态跃迁到高能态。显然，镁合金材料对激光的吸收本质上取决于激光的光子与镁合金材料中的电子的一次或多次的非弹性碰撞。

由激光光波的电磁场中的电子运动可获得金属材料的电导率如下：

$$\sigma = \frac{n_e e^2 \Gamma}{m^* (\omega^2 + \Gamma^2)} \qquad (2-3)$$

式中，n_e——金属材料的自由电子密度，m^{-3}；

e——电子电荷，C；

Γ——电子碰撞频率，s^{-1}；

m^*——电子的有效质量，eV；

ω——激光的圆频率，rad/s。

根据 Drude 关系式，实际材料对激光的复折射率为

$$n_c = \sqrt{\varepsilon_c} = n + ik \tag{2-4}$$

将镁合金材料的复合介电常数 ε_c 关系式与式（2—4）联立进行代数变换，

$$n = \frac{1}{\sqrt{2}}\left\{\left[(1-Q)^2 + \frac{Q\Gamma}{\omega}\right] - Q + 1\right\} \tag{2-5}$$

$$k = \frac{1}{\sqrt{2}}\left\{\left[(1-Q)^2 + \frac{Q\Gamma}{\omega}\right] + Q - 1\right\} \tag{2-6}$$

将式（2—2）～式（2—6）与光学表面阻抗综合推导，联合菲涅尔公式

$$R = \left|\frac{n_c - 1}{n_c + 1}\right|^2 = \frac{(n-1)^2 + k^2}{(n+1)^2 + k^2} \tag{2-7}$$

得到镁合金材料对激光的反射率和吸收率：

$$R \approx 1 - \left(\frac{2\omega}{\pi\sigma}\right)^{1/2} \tag{2-8}$$

$$A \approx \left(\frac{2\omega}{\pi\sigma}\right)^{1/2} \tag{2-9}$$

式（2—9）只适用于波长为 $10^3 \sim 10^6$ nm 的红外波段，可以用式（2—9）分析镁合金材料对 CO_2 激光的吸收特性。

由此可见，镁合金材料比一般金属（如钢铁材料）对激光的吸收率低，因而镁合金材料的激光加工较之钢铁材料更加困难。

通过上述推导过程，分析影响镁合金对激光吸收的几个重要因素如下。

（1）激光波长 λ。对于一般金属材料，复折射率公式中的 n 和 k 都是激光波长 λ 的函数，激光的波长越长，镁合金对激光的吸收越小；反之，

吸收越大。

（2）温度 T。复折射率公式中的 n 和 k 也是材料温度 T 的函数，吸收率随镁合金材料的温度升高而增大。当镁合金激光表面改性，需要大面积改性区域时，要对待改性区域进行激光多道扫描搭接，前一道的温度将对后一道的加热过程产生影响，即若前一道未完全冷却至与整体试件温度相同，会提高后一道待处理区域对激光的吸收率，也就是这部分接收到的激光能量更高，从而导致改性层的吸收能量不同、温度分布不均匀、微观组织结构和性能不同。

（3）材料表面状态。镁合金表面越粗糙，其对激光的吸收率越高，可以采用适当的手段粗化镁合金表面。

2.4　激光与镁合金作用的能量转换

镁合金材料吸收了激光之后，必须转换为热能才能用于后续的材料加工。镁合金材料中存在大量的电子，部分电子吸收了光子处于高能态的同时，与其他电子也在进行高速碰撞，并与晶格离子相互作用。在这些碰撞与相互作用过程中进行能量的传递转换，以热量的形式表现出来。

但是镁合金中的电子和晶格离子的相互作用比较弱，而且电子、离子的弛豫频率远大于电子和离子相互转换的弛豫频率，即

$$\gamma_{ee} \gg \gamma_{ef} \tag{2-10}$$

$$\gamma_{ii} \gg \gamma_{ei} \tag{2-11}$$

式中，γ_{ee}——电子和电子的碰撞频率；

$\qquad \gamma_{ef}$——电子和光子的碰撞频率；

$\qquad \gamma_{ii}$——离子和离子的碰撞频率；

$\qquad \gamma_{ei}$——电子和离子的碰撞频率。

因而，电子吸收光子的能量将迅速传递给其他自由电子，这部分能量再通过离子和离子的碰撞传递给晶格。

研究发现，对于大多数金属材料，光子与电子，电子与电子的平均碰

撞时间约为 10^{-13} s，所以激光加工时，能量的转换几乎是在瞬间完成的。

2.5 激光作用于镁合金的热源模型及温度分布

辐照于镁合金表面的激光是加热源，该热源能量通过电子、离子和辐射进行热量的传导，实际情况中，镁合金材料激光加工是个三维热传导问题，遵循经典非线性三维热传导理论，如式（2—12）：

$$\rho c \frac{\partial T}{\partial t} = \frac{\partial}{\partial x}\left(K \frac{\partial T}{\partial x}\right) + \frac{\partial}{\partial y}\left(K \frac{\partial T}{\partial y}\right) + \frac{\partial}{\partial z}\left(K \frac{\partial T}{\partial z}\right) + A(x,y,z,t)$$

$$(2-12)$$

式中，K——镁合金热导率，W/(m·K)；

ρ——镁合金密度，g/cm³；

c——镁合金比体积，cm³/g；

T——温度，K；

t——时间，s；

$A(x,y,z,t)$——加热速率，K/s。

假设镁合金是均匀的，式（2—12）简化为

$$\nabla^2 T - \frac{\rho c}{K} \cdot \frac{\partial T}{\partial t} = -A(x,y,z,t)/K \qquad (2-13)$$

对 AZ31 镁合金进行激光加工，式（2—13）转化为

$$\nabla^2 T - 0.16 \frac{\partial T}{\partial t} = -0.9(x,y,z,t) \qquad (2-14)$$

镁合金的激光加工过程遵循以上热力学基本规律，热量传递形式主要有传导、对流、辐射三种。基于加热速率快、能量不均匀、温度梯度大、材料的热物理性能随温度变化等特点，许多学者研究并提出了激光加热模型，包括将被加热物体看作半无穷大物体，将激光看作恒定的均匀圆形面热源、随时间变化的均匀圆形面热源、高斯热源等。

以下分析激光光束为 TEM₀₀ 的高斯热源加热时的温度分布，此时镁合金表面不同位置的激光功率密度为

$$F(r) = F_0^{'} \exp\left(-\frac{r^2}{W^2}\right) \tag{2-15}$$

式中，$F_0^{'}$——激光光斑中心的功率密度（P 为入射激光功率），$F_0^{'} = \frac{P}{\pi W^2}$，$W/cm^2$；

W——高斯形式的光束半径，mm。

镁合金材料不同受热位置处的温度分布为

$$T(r,z,t) = \frac{Q}{4\rho c (\pi k t)^{3/2}} \exp\left(-\frac{r^2 + r'^2 + z^2}{4kt}\right) I_0\left(\frac{rr'}{2kt}\right) \tag{2-16}$$

式中，r'——镁合金表面近圆形受热面积半径，mm；

q_0——入射激光光斑中心的单位面积的能量，J。

$Q = 2\pi r' q_0 \exp\left(-\frac{r'^2}{W^2}\right) dr'$，代入整理并用拉普拉斯变换求解得

$$T(r,z,t) = \frac{q_0 W^2}{\rho c (\pi k t)^{\frac{1}{2}} (4kt + W^2)} \exp\left(-\frac{z^2}{4kt} - \frac{r^2}{4kt + W^2}\right)$$

$$\tag{2-17}$$

本书试验用激光为 CO_2 连续激光。对于连续激光，将激光光斑中心单位面积能量 $q_0 = \varepsilon F(0, t') dt'$ 代入式(2-17)，并定义 $\tau = \frac{4kt}{W^2}$，$\zeta = \frac{z}{W}$，$\xi = \frac{r}{W}$，$\varphi = \frac{2K\pi^{\frac{1}{2}} T}{W \varepsilon F_{max}}$，进行推导变化，得到

$$T(r,z,t) = \frac{\varepsilon F_{max} W^2}{K}\left(\frac{k}{\pi}\right)^{\frac{1}{2}} \int_0^t \frac{p(t-t')}{t'^{\frac{1}{2}}(4kt' + W^2)} \exp\left(-\frac{z^2}{4kt'} - \frac{r^2}{4kt + W^2}\right) dt'$$

$$\tag{2-18}$$

$$\emptyset(\xi, \zeta, \tau) = \int_0^\tau \frac{\exp\left(-\frac{\xi^2}{\tau'+1}\right)\exp\left(-\frac{\zeta^2}{\tau'}\right)}{\tau'^{\frac{1}{2}}(\tau'+1)} d\tau' \tag{2-19}$$

经转换得到 TEM_{00} 模的连续激光的聚焦光斑中心的温度分布：

$$T(0,0,t) = \frac{\varepsilon F_0^{'} W}{K \pi^{\frac{1}{2}}} \arctan\left(\frac{4kt}{W^2}\right)^{\frac{1}{2}} \tag{2-20}$$

当 CO_2 连续激光持续加热后，光斑中心的温度不再随时间变化，为

$$T(0,0,\infty) = \varepsilon F'_0 W \pi^{\frac{1}{2}} / (2K) \qquad (2-21)$$

对以上理论分析内容再进行数值模拟计算，热源模型采用非线性分布的高斯热源，镁合金温度场计算涉及的热物理性能参数包括密度、比热容、热导率和对流系数等，如表2—2所示。

表2—2 镁合金的热物理性能参数

温度 $T/℃$	密度 $\rho /(kg/m^3)$	比热容 $c /[J/(kg \cdot K)]$	热导率 $K /[W/(m \cdot K)]$	对流系数
20	1780	1050	96.4	62.3
100	1780	1130	101.0	62.3
200	1780	1170	105.0	62.3
300	1780	1210	109.0	62.3
400	1780	1260	113.0	62.3

受激光辐照作用的镁合金作为大无限体，相对于激光热源中心轴线是对称的，故几何模型取对称轴的一半。由于主要考查在激光作用下镁合金横向截面的温度分布，故将几何模型简化为二维模型进行模拟计算，如图2—1所示。

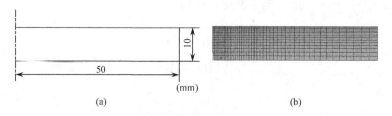

图2—1 镁合金受激光作用的温度场计算模型

（a）几何模型；（b）有限元模型

图2—2是模拟计算获得的镁合金在高斯热源模式的激光辐照时刻的温度分布，取激光功率为2500W，光斑直径为5mm。靠近激光光斑中心温度最高，约为662℃，高于镁合金的熔点650℃，说明该位置的镁合金材料

在激光作用下受热熔化；随着逐渐远离光斑中心，温度逐渐降低；远离光斑中心的镁合金不受热，温度为 20℃。镁合金相对于激光中心轴线的宽度和深度，即图示的 X 方向和 Y 方向的温度分布不同。镁合金宽度方向 (X)，温度高于镁合金熔点的区域，约为 2.5mm；镁合金深度方向 (Y)，温度高于镁合金熔点的区域，约为 1mm。镁合金受激光热作用而熔化的区域呈现半月牙形状。图 2－3 是从图 2－2 提取的以激光光斑中心为原点的镁合金宽度和深度方向的温度曲线。

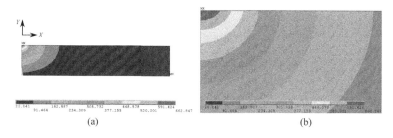

图 2－2　激光辐照时的镁合金的温度场

（a）整体的温度场；（b）图（a）的局部放大

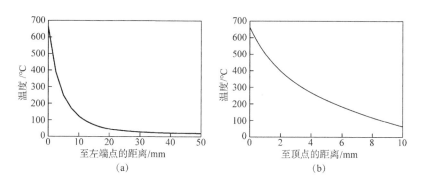

图 2－3　激光辐照时的镁合金宽度和深度方向的温度变化曲线

（a）宽度方向；（b）深度方向

图 2－4 是模拟计算获得的镁合金在高斯热源模式的激光辐照时刻的温度梯度。靠近激光中心的温度梯度最大，随着逐渐远离光斑中心，温度梯度逐渐减小，远离光斑中心的温度梯度几乎为零。但是，在镁合金上表面

最接近激光的位置处，温度梯度并不是最大。说明在激光高能作用下，该处温度超过镁合金熔点甚至沸点，发生了材料的离化；另外由于此处的强烈对流作用和散热作用，使得该处的温度梯度有所降低。

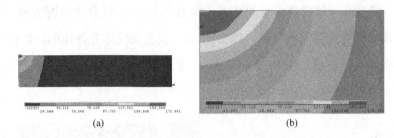

(a)　　　　　　　　　　　(b)

图 2—4　激光辐照时的镁合金的温度梯度

(a) 整体的温度梯度；(b) a 图的局部放大

图 2—5 是模拟计算获得的镁合金在高斯热源模式的激光辐照时刻的热流。以熔池中心，即最接近激光中心位置处为中心，热流方向向镁合金材料的四周扩散。可以预见，在激光作用下形成的镁合金熔池将以熔池底部组织为基，沿着与热流相反的方向生长。而在熔池底部至熔池上部，由于热流方向的改变，熔池的结晶方向逐渐发生偏转，在熔池顶部，结晶方向甚至平行于表面。以此推断，在激光移动扫描过程中，镁合金熔池顶部的结晶方向几乎与激光扫描方向一致。

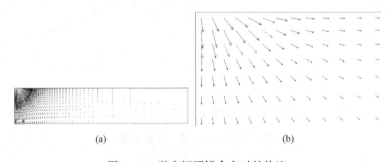

(a)　　　　　　　　　　　(b)

图 2—5　激光辐照镁合金时的热流

(a) 整体热流；(b) 图(a)的局部放大

2.6　激光加热作用下镁合金的热力学行为

2.6.1　热作用下的表面效应

激光照射到镁合金表面时，只有一部分激光被表层镁合金吸收。大多数金属材料都只是表面很薄一层能够吸收光子，转换后的热量再通过传导方式被更深处的材料吸收。

距材料表面不同位置 z 处被镁合金材料吸收的激光遵循波义耳（Boyle）定律：

$$Q_v(z) = Q_{v0} A \exp(-\alpha z) \qquad (2-22)$$

式中，Q_{v0}——镁合金表面吸收的激光功率密度，W/cm^2；

　　　A——镁合金对激光的吸收率；

　　　α——镁合金对激光的吸收系数。

镁合金吸收的激光能量将使其表面的粗糙度和化学成分发生变化。当吸收的激光功率密度很高时，表层镁合金会气化甚至产生等离子体，若气化量很大，在激光辐照区域的周围将呈现火山口形态，即周围出现较高凸起。另外，镁合金极易被氧化，激光辐照镁合金，表面镁合金受热更易被周围介质氧化，氧化层的出现也会降低其表面粗糙度。镁合金的化学活性高，当激光与镁合金的作用时间较长时，表面熔融的镁合金易与环境介质相互作用，从而改变镁合金表面的化学成分。

2.6.2　热作用下的粒子扩散

在热作用下，气体、液体、固体中的物质都将发生迁移。下面以镁合金激光表面改性为例，讨论在激光热作用下，镁合金材料中的物质迁移问题。

在镁合金激光表面改性的初始至结束，始终发生着物质的迁移，即粒子扩散，属于非稳态的扩散。根据菲克第二定律分析这一扩散过程：

$$\frac{\partial C}{\partial t} = a \frac{\partial^2 C}{\partial x^2} \qquad (2-23)$$

式中，a——热扩散率，cm^2/s；

  C——某种粒子的浓度，g/cm^3。

  镁合金激光表面改性处理时，受激光热作用，镁合金表层的粒子浓度将随时间和位置不同而改变，而镁合金基体的粒子浓度基本不发生变化。假定热扩散率是常数，扩散初始某种粒子的浓度为$C(x=0,t=0)=C$，$C(x\neq0,t=0)=0$，解菲克第二定律公式可获得激光表面改性过程中，镁合金改性层的不同位置x和不同时间t的某种粒子的浓度：

$$C(x,\ t)=\frac{M}{2\sqrt{\pi at}}\exp\left(-\frac{x^2}{4at}\right) \qquad (2-24)$$

式中，M——单位面积的某种粒子的质量，eV。

2.6.3 热作用下的界面运动和界面稳定性

  当激光辐照到镁合金表面并不断运动过程中，镁合金表面不断熔化并凝固，这个过程可以看作镁合金固-液界面的推移。镁合金在激光热作用下熔化时，固-液界面的温度高于镁合金的熔点，是个吸热过程；相反，熔融的镁合金凝固时，固-液界面的温度低于镁合金的熔点，是个放热过程。这两个过程中的熔化热与结晶潜热的数值相等。

  下面分析镁合金受激光热作用而熔化时的界面运动，设固-液界面以速度u推进，假定激光扫描速率较慢，则

$$u\Delta h_s/V=K_S\left(\frac{\partial T_S}{\partial z}\right)-K_L\left(\frac{\partial T_L}{\partial z}\right) \qquad (2-25)$$

式中，Δh_s——结晶潜热，J/g；

  K_S——固体镁合金热导率，$W/(m\cdot K)$；

  K_L——液体镁合金热导率，$W/(m\cdot K)$。

  可见，镁合金熔化时，固-液界面的推进速度与固-液界面两侧的温度梯度成正比。

  在激光束扫描移动过程中，熔融的镁合金将发生凝固结晶，设该过程中固-液界面的推进速度为u，由相变动力学原理，则

$$u = a\vartheta \exp\left(-\frac{\Delta F_a}{K_B T}\right)\left[1-\exp\left(-\frac{\Delta\mu}{K_B T}\right)\right] \qquad (2-26)$$

式中，a——晶体生长方向间距，μm；

　　ϑ——固-液界面附近的原子振动频率，s^{-1}；

ΔF_a——液相原子的激活能，J；

K_B——玻尔兹曼常数，$1.380649\times10^{-23}\text{J/K}$；

$\Delta\mu$——固相和液相的吉布斯自由能之差，J。

综上，固-液界面的推进速度 u 与温度的关系如图 2—6 所示。

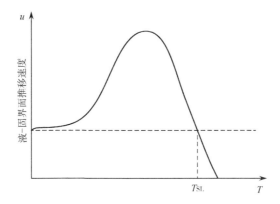

图 2—6　固-液界面的推进速度与温度的关系

当激光能量较低且激光扫描速率较慢时，镁合金熔池的局部近似为平衡态；但当激光能量较高且激光扫描速率较快时，镁合金熔池为非平衡态，甚至远离平衡态，此时固-液界面的非平衡效应显著，固相线温度升高，从而使固-液界面处的温度升高。

由界面稳定性理论，在平衡态下，固-液界面处的温度 T_i 为

$$T_i = T_m + \frac{m_\nu C_0}{k_\nu} - \frac{\nu}{\mu_k} \qquad (2-27)$$

式（2—27）表明，当生长速率 υ 很高时，界面动力学效应会降低界面处的温度，此时，平衡稳态生长的界面温度及形态随生长速率的变化而变化，如图 2—7 所示。

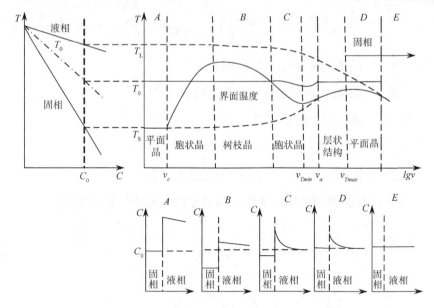

图 2-7 界面温度及形态随生长速率的变化

以上是运用平衡热力学和非平衡热力学对镁合金受激光辐照过程中的热力学分析，由于镁合金受激光作用的熔化和凝固时的温度梯度很大，因而上述分析只在局部区域有效。

2.7 小结

本章分析阐述了激光熔凝过程中 CO_2 激光与镁合金材料的相互作用机理，主要结论如下。

（1）根据能量守恒定律、电子运动、德鲁德（Drude）关系以及菲涅尔关系等推导镁合金材料对激光的吸收和反射，镁合金材料对激光的吸收比钢铁材料、铝合金材料等一般金属材料低，影响镁合金材料对激光吸收的因素主要是激光波长、温度、镁合金材料表面状态等。

（2）激光辐照到镁合金材料表面，吸收光子的电子及自由电子相互高速碰撞，并与晶格离子相互作用，瞬间以热量的形式释放出来。

（3）镁合金激光加工遵循非线性热传导规律，TEM_{00} 模式的激光加热镁合金表面，接近激光光斑中心位置处的温度最高、温度梯度最大，以该位置为中心热流向四周扩散。

（4）从表面效应、粒子扩散、界面稳定性等方面分析了激光加热作用下镁合金材料的热力学行为。在激光热作用下，镁合金材料表面的粗糙度和化学成分发生变化，而且在这一过程中始终发生粒子的迁移和扩散。在镁合金材料的熔化和凝固过程中，固-液界面的推进速度与温度的变化成抛物线关系。

第3章 不同冷却介质中镁合金熔体的结晶凝固行为

3.1 引言

在常规加热冷却条件下，熔融的镁合金进行的是近平衡态凝固。然而将熔融的镁合金置于温度较低的冷却介质中，即进行较快速的冷却凝固，在该凝固过程中，形核与长大的行为均与平衡态有较大差异，同时溶质元素的扩散与迁移也会受到影响，进而影响材料的性能。本章对分别在氩气、水、淬火油和液氮冷却介质中冷却的镁合金熔滴进行微观组织和性能进行分析，为镁合金在不同冷却介质中的激光表面改性积累试验依据。

3.2 镁合金在不同冷却介质中的熔化凝固试验

3.2.1 试验材料

采用直径 $\phi = 3\text{mm}$ 的 AZ31 镁合金焊丝作为镁合金熔滴冷却试验的原材料，表 3-1 是 AZ31 镁合金焊丝的化学成分。

表 3-1   AZ31 镁合金焊丝的化学成分　　单位：（质量分数）%

Al	Mn	Zn	Mg	Cu	Ni	Si	Be	Fe	其他
3.000~4.000	0.150~0.500	0.200~0.800	余量	≤0.050	≤0.005	≤0.150	≤0.020	≤0.050	≤0.300

3.2.2 试验方法

采用自制的试验装置进行镁合金熔滴的冷却凝固试验，如图 3-1 所示。

该装置主要包括冷却桶和保护桶两个部分。试验时，Iventer 300GP TIG 焊机作为镁合金焊丝熔化的热源，其交流基值电流为 5A；作为保护气体的氩气流量恒为 10L/min；在镁合金熔滴落入冷却介质之前的过程中，充满氩气的保护桶用于保护该熔滴免受大气的氧化；冷却桶盛放冷却介质。

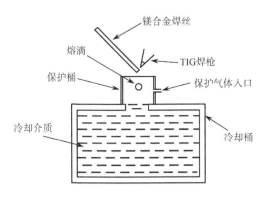

图 3—1　镁合金熔滴冷却凝固试验装置

试验工艺见表 3—2。第一组试验，首先，在冷却桶底部水平放置一块工作表面已清理干净的 AZ31B 镁合金板；其次，将冷却桶和保护桶中通入氩气；最后，开启 TIG 焊机，利用 TIG 热源将 AZ31 镁合金焊丝熔化形成液滴，液滴滴在冷却桶中的镁合金板上，自然冷却，该工艺简记为 CAM。其余的三组试验，首先，在冷却桶底部水平放置一块工作表面已清理干净的 AZ31B 镁合金板；其次，先将冷却桶中盛满冷却介质，再向保护桶中通入氩气以形成氩气的保护氛围；最后，熔化镁合金焊丝，形成的镁合金熔滴分别滴落到盛有水、淬火油、液氮介质的冷却桶中的镁合金板上进行冷却，这三种工艺分别简记为 CWM、CQM 和 CLNM。

表 3—2　镁合金熔滴冷却试验工艺

序号	材料	冷却介质	电流 I/A	保护气体	保护气体流量 $Q/(L/min)$
A（CAM）	AZ31 镁合金焊丝	氩气	5	氩气	10
B（CWM）	AZ31 镁合金焊丝	水	5	氩气	10

序号	材料	冷却介质	电流 I/A	保护气体	保护气体流量 Q/(L/min)
C(CQM)	AZ31 镁合金焊丝	淬火油	5	氩气	10
D (CLNM)	AZ31 镁合金焊丝	液氮	5	氩气	10

镁合金熔滴冷却凝固后，将其取出并用丙酮擦拭干净表面。选取不同冷却介质中冷却后的直径约为 8mm 的镁合金颗粒作为研究对象，进行微观结构和显微硬度的对比分析。

3.3 镁合金熔滴的微观组织

3.3.1 不同冷却介质中的镁合金熔滴的微观组织

镁合金熔滴在惰性气体（氩气）介质中冷却时（CAM），其一侧与镁合金板接触，另一侧与氩气接触，图 3－2 是在氩气介质中冷却的 AZ31 镁合金熔滴的金相组织。热导率是表征材料热传导能力的参量之一，镁合金的热导率为 96W/(m・K)，氩气的热导率为 0.0173W/(m・K)，因而镁合金的导热性能优于氩气。CAM 镁合金颗粒与镁合金板接触的一侧具有比与氩气接触的一侧更大的冷却速率，使该侧获得较大的温度梯度。根据温度梯度与冷却速率的关系：

$$\lambda \cdot \frac{\partial T}{\partial x} = \rho L R \qquad (3-1)$$

式中，λ——热导率，W/(m・K)；

$\dfrac{\partial T}{\partial x}$——某一位置 x 处的温度梯度，K/m；

α——金属熔体的密度，g/cm³；

L——金属熔体的结晶潜热，J/g；

R——金属熔体的冷却速率，K/s。

可见，金属熔体的凝固速率与温度梯度呈正比关系。因此，靠近镁合金板一侧的镁合金熔滴的冷却凝固速率更快。

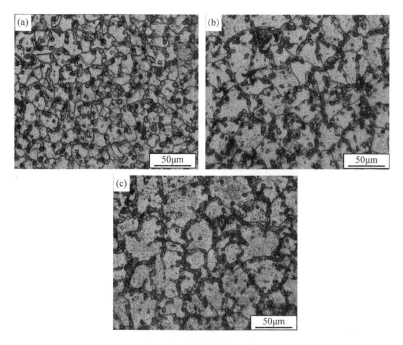

图 3-2　CAM 镁合金颗粒的显微组织

（a）靠近镁合金板一侧；（b）熔滴中部；（c）靠近氩气一侧

从图 3-2 可见，镁合金颗粒的微观组织整体上是不均匀的。靠近镁合金板一侧的颗粒［图 3-2(a)］，其晶粒最为细小，呈颗粒状的比较细小的 β相均匀地分布在晶界上。而靠近氩气一侧［图 3-2(c)］，与图 3-2(a)相比，镁合金颗粒的晶粒明显粗大，β相沿晶界析出，连接成网状，β相也更粗大。

图 3-3 是 CAM 镁合金颗粒的局部 EDS 测试结果。晶粒内部由大量的 Mg 元素和少量的 Al 元素构成，判断其为固溶了 Al 元素的 α相。白色的析出物由大量的 Mg 元素和少量的 Al、Zn 元素构成，即由 Mg、Al、Zn构成的化合物。

图 3-4 是镁合金熔滴在水中冷却后（CWM）的结晶组织形貌，镁合金颗粒的各个部位微观组织也存在差异，但差异性小于氩气中冷却获得的镁合金颗粒。颗粒状的析出相不再独立存在于晶界处，而是开始出现相互连接的趋势。

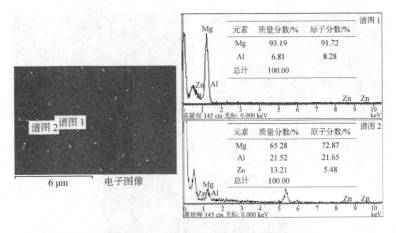

图 3—3　CAM 镁合金颗粒的局部 EDS

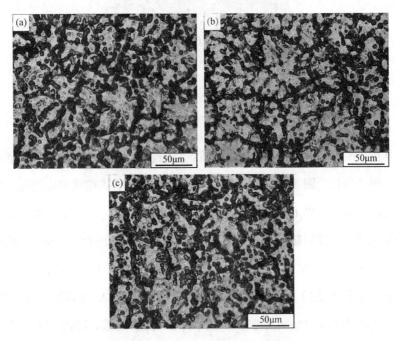

图 3—4　CWM 镁合金颗粒的显微组织

（a）靠近镁合金板一侧；（b）熔滴中部；（c）靠近氩气一侧

　　冷却介质为淬火油的镁合金颗粒（CQW）的微观组织如图 3—5 所示。镁合金颗粒各部位的微观组织趋于相似，靠近镁合金板一侧，仍能观察到明显的晶界，但是与氩气及水中冷却的镁合金颗粒相比较，晶粒尺寸更小，沿晶界析出的析出相变小，析出相逐渐连成枝状。

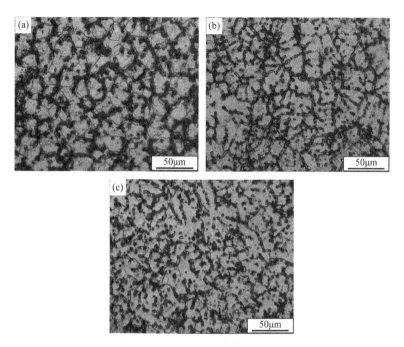

图 3—5　CQW 镁合金颗粒的显微组织

（a）靠近镁合金板一侧；（b）熔滴中部；（c）靠近氩气一侧

　　图 3—6 是在液氮中冷却（CLNM）的镁合金熔滴凝固后的显微组织，镁合金颗粒的不同部位，即靠近镁合金板一侧、熔滴中部、靠近氩气一侧，微观组织形貌基本相同，部分析出相仍以颗粒状存在，少量析出相连接成枝状。

　　取四种不同冷却介质中的熔滴的同一部位，即镁合金颗粒的中部，进行微观组织结构的对比分析。四种不同冷却介质中的镁合金颗粒的凝固结晶组织都呈现典型的铸态组织形貌，如图 3—7 所示，且都由 α-Mg 相和晶界分布的 β-$Mg_{17}Al_{12}$ 组成。CWM ［图 3—7(b)］的晶粒明显比 CAM ［图 3—7(a)］的更细小，但是仍沿晶界析出了大量的 β-$Mg_{17}Al_{12}$。CQM ［图 3—7(c)］晶界不像 CAM 和 CWM 那么明显，一部分 β-$Mg_{17}Al_{12}$ 相连交叉成树枝状。CLNM ［图 3—7(d)］分辨不出晶界，但是仍有 β-$Mg_{17}Al_{12}$ 存在，只是相比其他三种冷却条件，β-$Mg_{17}Al_{12}$ 的数量在该环境下最少。这说明，分别在氩气、水、淬火油、液氮这四种冷却介质中冷却凝固，镁合金熔滴的冷却速率极大加快，快速冷却抑制了溶质元素（主要是 Al 元素）的扩散迁移，从而抑制了更多的 β-$Mg_{17}Al_{12}$ 的形成和析出。

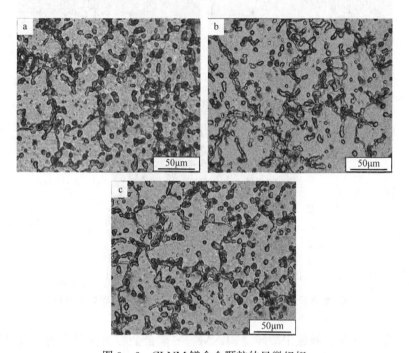

图 3—6　CLNM 镁合金颗粒的显微组织

（a）靠近镁合金板一侧；（b）熔滴中部；（c）靠近氩气一侧

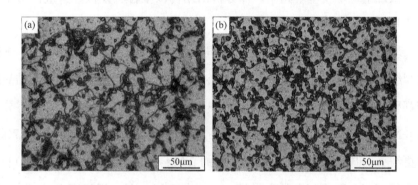

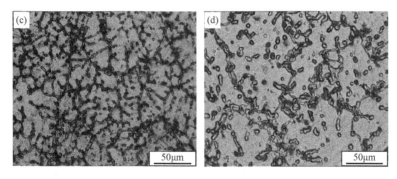

图 3－7　不同冷却介质中 AZ31 镁合金颗粒的组织

（a）氩气；（b）水；（c）淬火油；（d）液氮

3.3.2　不同冷却介质中的镁合金熔滴的物相

对在四种不同冷却介质中冷却后获得的镁合金颗粒进行相组成测试，由图 3－8 可见，在四种冷却介质中得到的凝固态镁合金的物相都由 α-Mg 和 β-$Mg_{17}Al_{12}$ 组成，但是不同冷却条件下的 β 相含量不同。

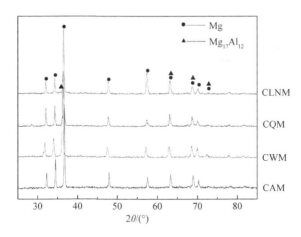

图 3－8　在不同冷却介质中冷却的镁合金颗粒 X 射线衍射图

根据 Mg-Al 二元合金相图，在近平衡凝固条件下，即本试验的氩气冷却条件下，熔融态的 Mg-Al 合金的凝固过程发生 L→α-Mg＋β-$Mg_{17}Al_{12}$ 的共晶反应。而在非平衡态下，即本试验的水冷却、淬火油冷却、液氮冷却的条件下，冷却速率加快，α-Mg 的形核和生长速率非常快，阻碍了溶质原子 Al 的扩散和迁移，并将抑制共晶反应的发生，最终形成过饱和固溶体 α-Mg，使得 β-Mg$_{17}$Al$_{12}$ 的数量相对减少。

3.4　镁合金熔滴的显微硬度

利用 HVS-1000A 型显微硬度计测试镁合金颗粒的显微硬度，载荷为 50g，保荷时间为 15s，对不同冷却介质中的镁合金颗粒，每个颗粒都分别测试 10 个点，取其平均值。图 3－9 是测得的镁合金颗粒的平均显微硬度值。CAM、CWM、CQM、CLNM 镁合金颗粒的平均显微硬度分别为 53.7HV、56.0HV、60.1HV 和 73.2HV。CLNM 镁合金颗粒的显微硬度是其他三者的 1.36 倍、1.31 倍和 1.22 倍。因而，改变镁合金熔滴的冷却条件，即提高冷却速率，显微硬度随之提高。

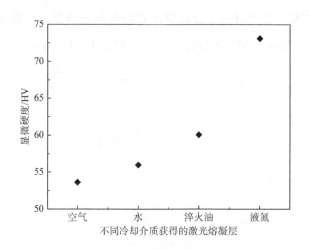

图 3－9　不同冷却介质中冷却的镁合金颗粒的显微硬度比较

在不同冷却介质中冷却的镁合金颗粒的微观组织有所不同，导致其性能之一的显微硬度亦有差异。第一，根据图 3－7 分析，不同冷却介质中的镁合金颗粒的晶粒细化程度不同。一般多晶材料的硬度与晶粒尺寸遵从霍尔-佩奇（Hall-Petch）关系，即金属材料的硬度随晶粒尺寸的减小而增大。第二，有文献报道，通过快速凝固的方式，溶质元素的固溶度可被显著扩大。根据图 3—8 分析,当冷却条件改变,即冷却速率提高后,Al 原子的扩散被抑制,从而降低了 β-$Mg_{17}Al_{12}$ 的析出,使 Al 在 Mg 中的固溶度极大提高。而固溶度的提高会形成大量过饱和固溶体,从而起到固溶强化的效果。

在氩气、水、淬火油和液氮这四种冷却环境中,以液氮冷却环境中的冷却速率最快,该环境下的镁合金颗粒的强化效果最显著,表现出最高的显微硬度。

3.5　小结

本章进行了镁合金熔滴在氩气、水、淬火油和液氮中的冷却试验,对不同冷却介质中镁合金熔滴的微观组织结构及显微硬度进行了分析研究。

(1) 在不同冷却介质中冷却的镁合金颗粒都由 α-Mg 和 β-$Mg_{17}Al_{12}$ 组成,分别在氩气、水、淬火油和液氮中冷却,镁合金颗粒的晶粒逐渐减小,当在液氮中冷却时,β-$Mg_{17}Al_{12}$ 的含量极其微弱。

(2) 镁合金颗粒的显微硬度随冷却介质的不同而差异较大。冷却介质不同,冷却速率亦不同,导致细晶强化、固溶强化和第二相强化的作用程度不同,从而造成镁合金的硬度也不同。在液氮中冷却时显微硬度最大,可达 73.2HV。

第 4 章　氩气冷却下的镁合金激光表面熔凝行为

4.1　引言

镁合金材料激光表面熔凝是采用高能激光束在材料的工作表面进行辐照扫描，在非常短的时间内激光与镁合金材料产生交互作用，表层镁合金的受辐照区域瞬间被加热到熔点以上甚至更高的温度，该区域迅速形成了非常薄的熔化层，同时利用镁合金基体及周围介质的传热作用使该熔融的镁合金形成的熔池快速冷却凝固，从而使熔凝层产生特殊的不同于镁合金基体的微观结构的表面改性方法。

镁合金激光熔凝的显著特点之一是快热快冷，故而可细化镁合金材料的晶粒，进而改善镁合金材料的表面性能。在该加热冷却过程中，镁合金材料的凝固行为、组织转变、相结构等是影响其表面性能的重要因素，亦是该领域的重要研究内容。

本章利用横流 CO_2 气体激光器对厚为 10mm 轧制成形的 AZ31B 镁合金板进行表面激光熔凝处理，镁合金激光熔融区在基体散热和惰性气体环境下冷却凝固，研究镁合金激光熔凝层的凝固行为、组织演变、界面结构、物相结构及显微硬度、耐磨性和耐蚀性等表面性能。

4.2　试验材料及方法

4.2.1　试验材料

试验基体材料选用热轧成型的 AZ31B 镁合金板，试样尺寸 100mm×

$100mm \times 10mm$，表 4-1 列出了其化学成分。AZ31B 镁合金的微观组织如图 4-1 所示，晶粒取向不同，且晶粒大小不均匀（$30 \sim 200\mu m$）。AZ31B 镁合金的微观组织由密排六方 α-Mg 固溶体和在晶界及晶内析出的体心立方的 β-$Mg_{17}Al_{12}$ 金属间化合物组成。

表 4-1　AZ31B 镁合金的化学成分　　　　单位：（质量分数）%

Al	Mn	Zn	Ca	Si	Cu	Ni	Fe	其他	Mg
2.500~3.500	0.200~1.000	0.600~1.400	0.040	0.100	0.010	0.001	0.005	0.300	余量

图 4-1　AZ31B 镁合金的显微组织

4.2.2　试验设备及方法

镁合金材料的激光熔凝处理主要受以下三个方面因素的影响：一是激光器的物理结构，二是被加工镁合金的表面状态，三是激光熔凝的工艺参数。

4.2.2.1　试验设备

激光器物理结构对镁合金激光熔凝的影响主要是光束模式、振荡方式、光斑形状、功率稳定性等。本章试验，镁合金激光表面熔凝利用的是 HUST-JKT5170 型的横流 CO_2 激光器（图 4-2），图 4-3 是其结构原理图，表 4-2 是其技术参数，图 4-4 是该激光器的光斑实际形状。

图 4—2　HUST-JKT5170 型 CO_2 激光器

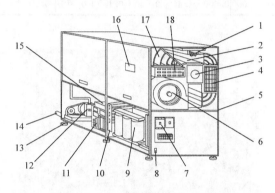

图 4—3　CO_2 激光器的基本结构

1.阴极针；2.阳极板；3.光桥；4.副热交换器；5.箱体；6.风机；7.主电源开关；
8.通信接口；9.变压器；10.硅堆；11.充气部分；12.真空泵；13.支脚；14.冷却水管；
15.电阻箱；16.气压显示器；17.导流板；18.主热交换器

表 4—2　HUST-JKT5170 型 CO_2 激光器技术参数

激光器型号	HUST-JKT5170
激光输出功率	0～5000W
功率调节范围	10%～100%
输出方式	连续波输出
激光波长	10.6μm
功率不稳定度	≤±2%
光束发散角	≤3mrad
光电转换效率	≥16%
光束模式	多模：淬火、熔覆、快速制造。低阶模：焊接、快速制造
聚焦光斑尺寸（连续可调）	熔覆与热处理：ϕ1～6mm。焊接：ϕ0.3～3.0mm
工作气体	CO_2、N_2、He 或 CO_2、N_2、Ar

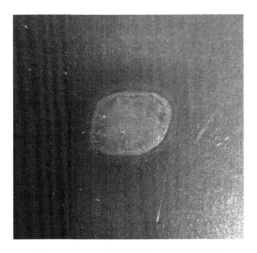

图 4—4　CO_2 激光器的实际光斑形状

4.2.2.2　预处理

由第 2 章分析可知，相较于其他金属材料，一方面，镁合金材料对激光的反射率高，且镁合金材料的热导率高 [96W/(m·K)]，因而其对激光束的反射高，特别是对波长 $10.6\mu m$ 的 CO_2 激光束的反射率很高；另一方面，镁合金的电离能较低（7.65eV），镁合金易失电子形成光致等离子体，造成对激光的屏蔽，也会降低镁合金材料表面对激光的吸收。为了克服这一困难，提高镁合金表面对激光的吸收，从光源方面考虑，提高激光的功率、提高激光光束的质量；从材料表面状态考虑，对材料工作表面进行预处理，如采用氧化法、磷化法、表面粗化法和表面涂敷吸光涂料方法等。

表面氧化法对于镁合金的预处理是不合适的，因为不致密的镁合金氧化物进入镁合金熔池中，若其分解会产生气体，残留在熔池中，不分解的部分则作为夹杂物存在于熔池中，都会影响镁合金改性层的质量。磷化法主要用于钢铁材料激光表面处理，鲜少用于镁合金的激光表面强化。表面粗化法不论是用砂纸打磨还是喷砂处理，在提高材料对激光的吸收率之外，还可以破坏材料的表面氧化膜，起到防止熔化层出现气孔的作用。

本章试验，在镁合金表面激光熔凝之前，首先对镁合金材料的工作表面进行粗化处理，用较粗糙的 80 号金相砂纸往复均匀打磨，再用丙酮将之清洗干净，自然晾干。之后，在处理过的表面均匀喷涂一层特制的吸光涂料，静置，晾干。表 4－3 和图 4－5 分别是该涂料的成分及相应的 EDS 能谱。

表 4－3　吸光涂料的化学成分

元素	C	O	Ca	Zr	Sn	Sb	其余	总量
质量分数/%	5.21	21.81	35.39	1.00	3.70	24.40	8.48	100.00
原子分数 /%	14.51	45.60	29.54	0.37	1.04	6.70	2.24	—

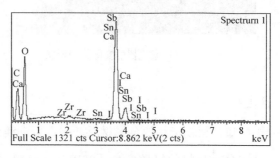

图 4－5　吸光涂料的 EDS 能谱

4.2.2.3　试验工艺

首先，将预处理过的镁合金试样置于工作台上，调整试样使之处于水平位置；接着，由于镁合金的熔点低（650℃）、沸点低（1090℃）且易氧化，为减少熔凝过程中镁合金的蒸发与氧化，对熔池进行惰性气体（氩气）的后托保护，调整保护气体的角度，使之与试样工作平面的夹角为45°；然后，进行镁合金单道激光熔凝处理，对熔凝过程中的试验现象和熔凝层表面状态进行综合考察，再进行多道搭接试验。本试验中氩气对熔池除起到保护作用外，还起到冷却作用。在氩气冷却条件下进行的镁合金激光表面熔凝简记为 CA，获得的熔凝层简记为 CAL。

镁合金激光熔凝时，工艺参数中的激光功率、扫描速率和光斑大小的综合作用体现了熔凝过程中的热输入，三者与熔凝层的关系如下：

$$激光熔化层深度 \ H \propto \frac{激光功率 \ P}{光斑尺寸 \ d \times 扫描速率 \ v} \qquad (4-1)$$

可见，作用于镁合金表面的激光功率密度和扫描速率是影响激光熔凝的重要因素。作用于镁合金材料表面的有效激光能量和有效光斑大小决定了激光的功率密度，而光斑形状及大小取决于激光焦点与镁合金材料表面的相对距离。所以在镁合金激光表面熔凝时，主要考虑三个工艺参数，即激光功率 P、扫描速率 v 和光斑直径 d。表 4—4 是镁合金单道熔凝和多道搭接熔凝的工艺选择，在多道搭接熔凝时，由计算机程序控制搭接率为 20%。

表 4—4　镁合金激光熔凝试验工艺

序号	工艺		激光功率 P/W	扫描速率 $v/(mm/min)$	光斑直径 d/mm	保护气流量 $Q/(L/min)$	试验现象	
							试验过程	表面质量
1	单道		500	600	5	15	安静	不熔
2	单道		1000	600	5	15	安静	不熔
3	单道	多道	1500	600	5	15	安静	微熔
4	单道	多道	2000	600	5	15	稍有飞溅	成型较好
5	单道	多道	2500	600	5	15	稳定	连续成型、质量较好
6	单道	多道	3000	600	5	15	稳定	连续成型、质量较好
7	单道	多道	3500	600	5	15	飞溅	表面凹凸严重
8	单道	多道	4000	600	5	15	飞溅、烟尘	烧损严重
9	单道		2500	180	5	15	飞溅、烟尘	烧损严重
10	单道		2500	240	5	15	飞溅、烟尘	烧损严重
11	单道		2500	300	5	15	飞溅	表面凹凸严重
12	单道		2500	360	5	15	稍有飞溅	表面凹凸严重
13	单道	多道	2500	420	5	15	稍有飞溅	凹凸不平
14	单道	多道	2500	480	5	15	稳定	连续成型、质量较好
15	单道	多道	2500	540	5	15	稳定	连续成型、质量较好
16	单道	多道	2500	900	5	15	安静	表面微熔
17	单道		2500	1200	5	15	安静	表面微熔

根据激光熔凝过程的稳定性和熔凝层的宏观质量，选取 5 号试样对其宏观形貌、微观组织结构和表面性能等进行综合分析研究。

4.3　熔凝层（CAL）的宏观形貌

4.3.1　熔凝层（CAL）的宏观形貌

图4—6是氩气冷却的镁合金激光熔凝层（CAL）的表面形貌，呈现凹凸不平的形态。试验前，镁合金表面预置了吸光涂料，促进了镁合金材料对激光的吸收，光能转换为热能，进而使表层镁合金受热熔化。当镁合金表面吸收的激光能量使镁合金受热超出其沸点1090℃时，表层镁合金汽化蒸发，蒸发的气体加速推动提高，同时蒸气的反冲作用产生一定的压力，在材料表面造成凹凸不平的状态，如图4—7所示。

图4—6　氩气冷却镁合金熔凝层（CAL）表面的宏观形貌

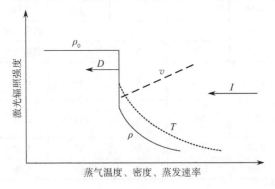

图4—7　激光辐照下材料蒸发时的蒸气温度T、蒸气密度ρ和蒸发速率v的分布[148]

假设表层镁合金所吸收的激光能量全部用于其汽化蒸发，则蒸气的密度 ρ_1、蒸发速率 v_1、蒸气的压力 P_1、蒸发波的传输速度 D、蒸气在镁合金表面产生的反冲压力 P_0 的关系分析如下：

$$\rho_1 = \frac{B_2(\gamma+1)AI}{(\gamma-1)\sqrt{BU^3}}\sqrt{B_1 - \ln(\eta/\alpha_1)} \tag{4-2}$$

$$v_1 = \frac{(\gamma-1)\sqrt{BU}}{(\gamma+1)\sqrt{B_1 - \ln(\eta/\alpha_1)}} \tag{4-3}$$

$$P_1 = \frac{B_2\sqrt{B}(\gamma-1)AI}{\gamma(\gamma+1)\sqrt{U[B_1 - \ln(\eta/\alpha_1)]}} \tag{4-4}$$

$$D = \frac{B_2 AI}{\rho_0 U} \tag{4-5}$$

$$P_0 = P_1 + \rho_0 D v_1 \tag{4-6}$$

式中，η——黏度，$\eta = \frac{(1-R)I}{\rho_0\sqrt{U^3}}$；

α_1——有效密度比，$\alpha_1 = \frac{A_1}{\rho_0}$；

U——材料的升华能（包括熔化热、汽化热、加热到沸点的吸热量），J；

ρ_0——材料密度，g/cm^3；

A——吸收率；

I——激光强度，W/cm^2；

A_0——原子（分子）相对质量；

R_0——分子气体常数，J/(mol·K)；

γ——定压比热与定容比热之比；

A_1、B、B_1、B_2——常数，$A_1 = 10^4$ g/cm^3，$B \approx 26.7$，$B_1 \approx 19$，$B_2 \approx 0.85$。

因而，镁合金激光表面熔凝时，表层镁合金蒸发对其表面产生的反冲压力与入射激光强度和其对激光的吸收率成正比。

图 4-8 是 CAL 横截面的宏观形貌，分为三个区域，分别为不受热作

用的基体区、受热影响的热影响区、熔化凝固的熔凝区，熔凝层厚度约为
580μm。由式（4-1）可知，激光熔凝工艺不同，CAL 的宏观几何尺寸即
熔宽 B 和熔深 H 不同。CAL 横截面形状类似月牙，且表面微凹陷。一方
面，试验所用的 CO_2 激光是基模的高斯模式，如图4-9所示，此激光束
的能量分布不均匀，激光束的中心能量高度集中，而边缘部位能量较少。
所以，镁合金材料表面接收该形式的激光能量，形成了中心熔化较深而边
缘熔化较浅的熔池，凝固后即形成了特殊的月牙形状。另一方面，根据
热-应力的相互关系，在镁合金激光熔凝过程中，熔凝区形成了很高的温度
梯度，从而导致熔凝区产生很高的应力场、应力梯度，该应力变化需要以
其他形式表现出来，即用表面弯曲来补偿，故而形成了图4-8中的表面微
凹陷。此外，CAL宏观横截面图中未观察到明显的气孔、裂纹等缺陷。

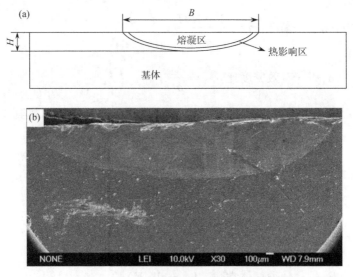

图4-8　CAL横截面的宏观形貌

（a）示意图；（b）实物图

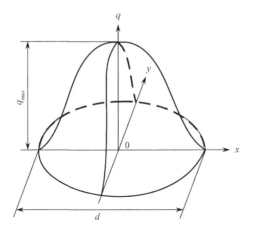

图 4—9　呈高斯分布的 CO_2 激光热源模型

4.3.2　工艺参数对熔凝层（CAL）宏观尺寸的影响

图 4—10 是激光熔凝工艺参数对 CAL 宏观尺寸的影响规律曲线。图 4—10(a)是激光扫描速率不变，即 $v=240\text{mm/min}$，入射激光功率改变时，CAL 的宏观尺寸即熔深和熔宽的变化趋势。可见，当激光扫描速率一定时，CAL 宏观几何尺寸随激光功率的增大而增加。图 4—10（b）是入射激光功率不变，即 $P=2000\text{W}$，激光扫描速率改变时，CAL 的宏观尺寸即熔深和熔宽的变化趋势。当入射激光功率一定时，CAL 的宏观几何尺寸随激光扫描速率的提高而减小。

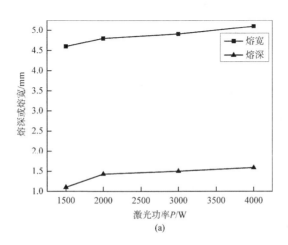

(a)

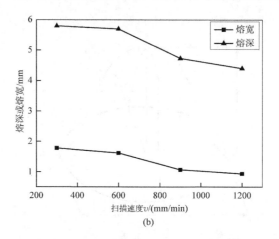

图 4-10　激光工艺对 CAL 宏观尺寸的影响

（a）不同的激光功率；（b）不同的扫描速率

激光能量密度与入射激光功率、激光扫描速率和激光光斑直径的关系如下：

$$\rho = \frac{P}{dv} \tag{4-7}$$

式中，ρ——激光能量密度，W/cm^2；

　　　P——入射激光功率，W；

　　　v——激光扫描速率，mm/min；

　　　d——激光光斑直径，mm。

　　激光的能量密度随入射激光功率的增加而增加，随激光扫描速率的增加而降低。激光能量密度是单位面积上的激光能量，因而当焦点位置不变，即激光光斑直径不变时，本试验中 P/v 就代表了镁合金材料表面的单位面积上所接收到的激光能量，它是影响镁合金的激光熔池温度及冷却凝固速率的重要因素，同时表明了工艺参数设计对激光功率与扫描速率进行匹配的重要性。

　　当其他工艺条件一定时，激光功率增大，表现为镁合金材料直接吸收的能量增多。激光熔凝过程中的热循环最高温度较高，由于热传导作用，熔化的镁合金形成的熔池变大，熔凝层更宽更深。而扫描速率越快，激光束在镁合金材料同一位置停留的时间越短，即激光与镁合金相互作用的时间变短，从而形成了快速热循环效果，熔凝层更窄更浅。

4.4 熔凝层（CAL）的微观组织演变

4.4.1 熔凝层（CAL）的微观组织结构

结合式（4-7）与图 4-11，在熔池的深度方向，入射激光束能量逐渐减小，且熔深位置不同，熔体的凝固速率和温度梯度不同，故而在熔深方向上，不同的位置经历不同的热循环。由于入射激光束是能量分布不均匀的高斯热源模式，在熔池的宽度方向，各个位置亦经历不同的热循环，因而形成了图 4-12(a) 中的波纹。此外，还可观察到不同位置的波纹疏密程度不同，CAL 中心区域受激光热源中心的直接作用，温度梯度较大，波纹较短较稀疏，而 CAL 边缘区域，温度梯度较小，波纹较长较密集。

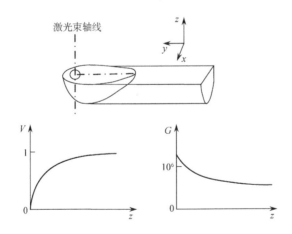

图 4-11 激光熔凝中凝固速率与温度梯度的变化

图 4-12(b)～(g) 是 CAL 由下至上对应的各个区域的微观组织。在镁合金激光表面熔凝过程中，由于激光与表层镁合金的作用时间非常短，镁合金材料的熔化及凝固过程都在极短时间内完成。在这个过程中，因受到高能密度的激光束照射，镁合金材料表面微小区域熔化形成熔池，未熔部分主要起传递熔体热量的作用，同时周围环境也起到热扩散体的作用，结

合图2—4可知，熔池的温度梯度非常高。因而由熔凝层底部至表层顶部，熔凝层以柱状晶形式沿着与热流相反的方向生长，枝晶向上的生长占据了主导地位。CAL底部至顶部，镁合金熔体的凝固速率逐渐增大，枝晶间距随之减小。激光熔池中局部的凝固速率可由式（4—8）及图4—13获得：

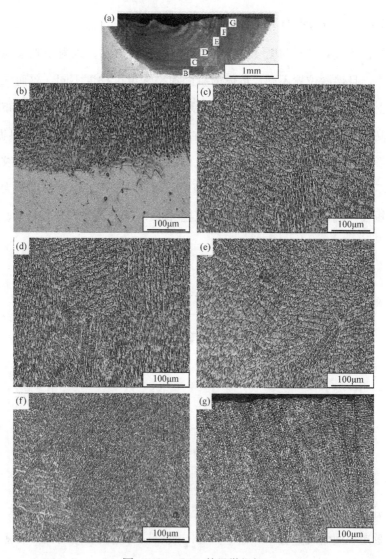

图4—12　CAL的显微组织

（a）CAL的横截面；（b）图(a)的B区域；（c）图(a)的C区域；（d）图(a)的D区域；

（e）图(a)的E区域；（f）图(a)的F区域；（g）图(a)的G区域

$$v_s = v_b \cos\theta \tag{4-8}$$

式中，v_s——局部凝固速率，mm/s；

　　　v_b——激光扫描速率，mm/s；

　　　θ——凝固速率和激光扫描速率之间的夹角，(°)。

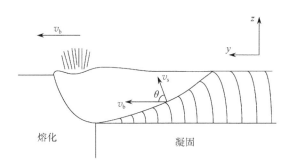

图 4—13　镁合金激光熔池的凝固过程

图 4—14 是 CAL 和基体的界面微观组织。在激光作用下，镁合金熔池中的液相和镁合金基体的未熔固相接触，以未熔化基材的晶粒表面为新的生长表面，形成交互结晶。就熔池整体而言，熔池底部的凝固速率相对较慢，凝固时间相对较长，故而在界面结合区形成了相对较粗大的树枝晶。进一步放大界面，由图 4—14（b）可见，以基体的一个未熔的晶粒为生长表面，首先形成了不太明显的平面晶，接着生长出了多个柱状晶组织。说明该 CAL 的底部晶粒已得到了显著细化。

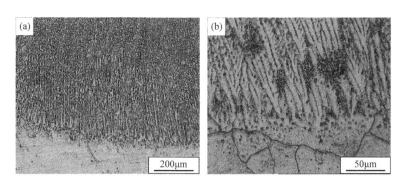

图 4—14　基体和 CAL 的界面

（a）界面微观组织；（b）界面微观组织局部放大

在 CAL 的整个区域中出现了明显的结晶区域间分界面，如图 4－15 所示。由于在冷却凝固过程中，熔体沿着热流相反的方向结晶长大，而该过程中整个未熔的镁合金基体作为无限大的散热体存在，所以熔体的散热向着各个方向进行，故而结晶凝固也向着多个方向进行，如图 4－16 所示。当多个方向的结晶凝固汇聚到同一位置时，产生了晶粒的交汇，出现了图中的明显分界面。

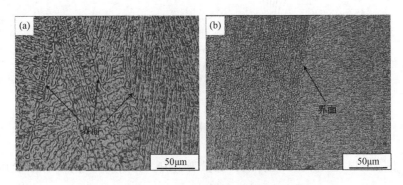

图 4－15　CAL 中的结晶区域间分界面

（a）分界面；（b）分界面放大

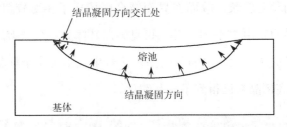

图 4－16　结晶凝固方向示意图

由以上分析可知，CAL 表面的晶粒最为细小。图 4－17 是 CAL 表面的微观组织，可见 CAL 表面晶粒大小均匀，相对镁合金基体及 CAL 整体，表面晶粒高度细化。由 SISC LASV8.0 计算得到原始镁合金的平均晶粒尺寸为 $58.7\mu m$，CAL 的平均晶粒尺寸为 $10.8\mu m$。

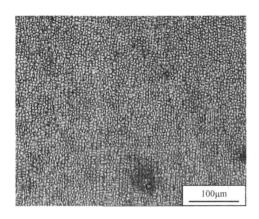

图 4-17　CAL 表层的微观组织

综上所述，在氩气介质冷却下镁合金表面经激光熔凝处理后，熔体的温度梯度及凝固速率非常高，晶粒得到高度细化。

进一步考察经激光熔凝处理后 CAL 的化学成分变化，如图 4-18 所示，同基材相似，CAL 以 Mg、Al 元素为主，但是出现了少量的 C 和 O 元素。一方面，预处理时预置的吸光涂料中的 C、O 元素的原子半径较小，在高温加热时进入熔池中，在随后的快速凝固过程被保留下来；另一方面，周围大气环境中的 O 元素亦可能进入熔池被保留下来。

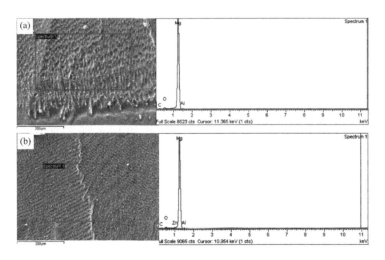

图 4-18　CAL 的成分变化

（a）熔凝层的底部；（b）熔凝层的中部

在实际应用中，多道搭接形式的熔凝层才能满足对于一定尺寸的改性层的要求。图4—19是多道搭接处的微观组织，第一道熔凝区的组织生长及演变与单道熔凝完全相同，后续每一道的熔凝区都会出现道与道之间的重叠区域。以图4—19为例，在未重叠区域，熔凝区仍是以未熔化的基体晶粒为生长表面向上结晶生长；而在重叠区，后一道的熔池是以前一道已经凝固的晶粒表面为生长表面沿着与热流相反的方向结晶生长。受到后一道熔化过程中的热量的作用，前一道与之相邻的部位受到二次加热，晶粒再长大，故相对而言，在搭接区，前一道的柱状晶组织较大。

由图4—20可看出，原始镁合金的晶内和晶界上有大量的析出相，推断为β-$Mg_{17}Al_{12}$，如图中的黑色颗粒。该颗粒大小不等，最大约为$0.5\mu m$，但形态相似，类似球状。

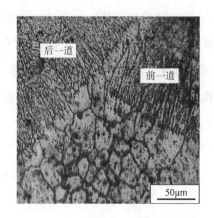

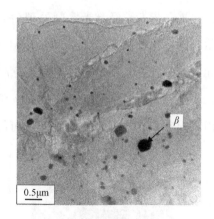

图4—19　多道搭接处的微观组织　　　图4—20　原始镁合金的析出相

CAL的析出相不同于镁合金基体，析出相主要存在于晶内，如图4—21（a）所示，且出现了棒状形态，如图4—21（b）所示。进一步以高分辨率显微镜观察析出相［图4—21（c）］，可以看到析出相原子规律排列，仍以晶态存在。

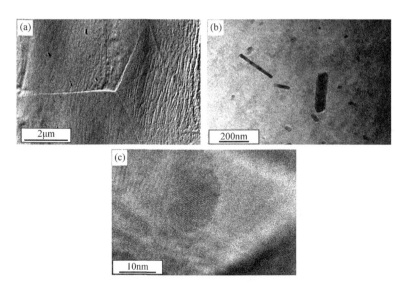

图 4—21　CAL 的析出相

　　由图 4—22 看出，未经处理镁合金基材的晶粒粗大，在局部区域（主要是晶界处）发现了少量的位错，这些位错主要是在轧制过程中产生的。镁合金材料在轧制过程中由于应力的作用会产生塑性变形，该塑性变形是镁合金板材中形成位错的主要原因之一。

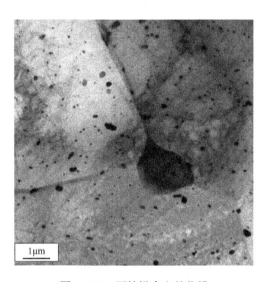

图 4—22　原始镁合金的位错

图4-23是CAL中的典型位错，对比图4-22可见，经激光熔凝处理后，镁合金材料的位错密度提高了。晶界处的位错密度提高，特别是晶内的位错密度大大提高。晶内位错密度的提高也形成了大量的位错墙［图4-23（d）］。

在镁合金激光熔凝过程中，未熔化的镁合金基体充当无限大的散热体，熔化的镁合金先从熔池的下部（与未熔镁合金接触的部位）冷却结晶凝固，下部的熔体先开始收缩，受到拉应力，与之接触的未熔镁合金受到压应力，而其余的熔体此刻并未冷却凝固，应力为零，因此形成了位错。随后，上部的熔池开始冷却结晶凝固，造成上部晶体受到拉应力，从而形成新的位错。

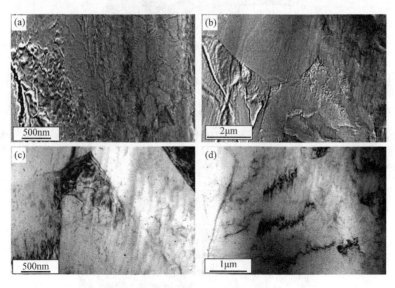

图4-23 CAL中的位错

4.4.2 熔凝层（CAL）的物相

图4-24是未处理的原始镁合金材料表面和CAL表面的X射线衍射图。由图可见，原始AZ31B镁合金和CAL的相组成都是大量的α-Mg和少量的β-$Mg_{17}Al_{12}$，但是各相含量不同。根据物相半定量分析的相关理论，在混合物中，各相的衍射线条强度随着该相的相对含量的增加而增加。对比分析图4-24中的衍射强度，CAL的β-$Mg_{17}Al_{12}$相的含量比原始镁合金

含量低。这是由于激光熔凝是个快热快冷的过程，快速凝固会抑制合金元素的偏析，故而 β 相含量降低，这与图 4－21 的分析结果一致。

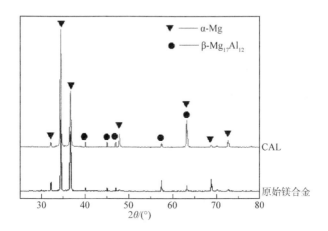

图 4－24　原始镁合金与 CAL 的 X 射线衍射图

4.4.3　熔凝层（CAL）的缺陷

CAL 的中部发现了少量的气孔，如图 4－25 所示。该气孔呈喇叭口形且内壁光滑，是典型的氢气孔。氢气孔的产生原因分析如下。

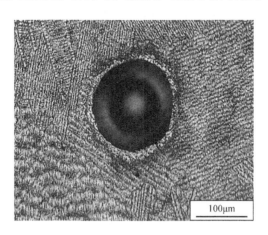

图 4－25　CAL 中的气孔

（1）为提高镁合金对激光的吸收，激光熔凝前，镁合金表面喷涂了含 C、O 等元素的吸光涂料，易于形成氧化物而吸收周围环境中的水分，在激光加热过程中产生气体。

（2）镁合金化学活性高，与 O、N 等的亲和力强，易于形成气孔。而且［H］在镁中的溶解度很高，高温镁合金熔池极易吸收大量的［H］。

（3）［H］在镁合金中的溶解度与温度有关，在高温液态镁合金中，［H］的溶解度最高可达 20mL/100g，而从镁合金凝固开始至凝固终了，［H］的溶解度由 9mL/100g 突降为零点几。再者，镁合金的密度低，形成的气孔在随后的凝固过程中不易逸出。

镁合金激光熔凝过程中发生非平衡结晶凝固，会产生低熔点共晶物，由于镁合金的密度低，形成的低熔点共晶物易集中于熔池的表面，即随后形成的熔凝层的表面。镁合金的热膨胀系数大，在激光加热冷却过程中易产生较大的内应力。低熔点共晶物和内应力的共同作用将导致 CAL 中裂纹的萌生与发展，形成如图 4—26 所示的裂纹。该裂纹起源于熔凝层表面，由表及里向熔凝层的深度方向扩展，中途终止。

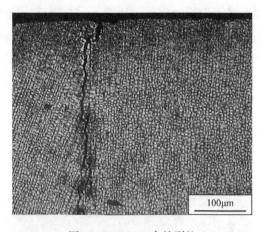

图 4—26　CAL 中的裂纹

4.5　熔凝层（CAL）的表面性能

镁合金激光表面熔凝处理旨在提高其表面性能，如显微硬度、耐磨性能和耐腐蚀性能等。

4.5.1　熔凝层（CAL）的显微硬度

显微硬度是评价熔凝层表面性能的重要指标之一，为磨损试验的结果提供分析的依据。图 4-27 是 CAL 的显微硬度测试示意，由 CAL 表面至结合界面再至镁合金基体进行测试，加载载荷 50g，保荷时间 15s，图 4-28 是 CAL 在该条件下测试的显微硬度曲线。

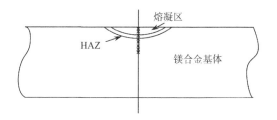

图 4-27　CAL 的显微硬度测试示意

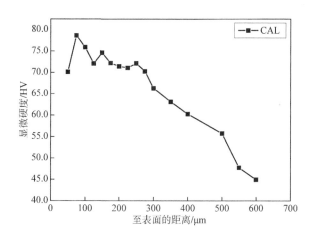

图 4-28　CAL 的显微硬度曲线

镁合金基体的显微硬度约为 45HV，而 CAL 的显微硬度最高达 78.1HV，镁合金材料经激光熔凝处理后，显微硬度约是基体的 1.78 倍。CAL 表层的显微硬度明显提高，达到 70.0HV；次表层的显微硬度值最高，为 78.1HV；从次表层至基体，显微硬度逐渐降低；在结合界面处，约为 47.0HV；CAL 整体的显微硬度比镁合金基体有了较大的提高。

镁合金经激光熔凝处理后显微硬度明显提高的原因如下：

(1) 细晶强化。经研究发现，相较于原始镁合金，CAL 晶粒得到了较大程度的细化，且由 CAL 底部至表层，晶粒细化程度逐渐增大。根据 $\sigma_{\text{yield}} = \sigma_0 + kd^{-\frac{1}{2}}$，晶粒细化可以提高材料的强度。此外，显微硬度的变化趋势也与晶粒的细化趋势一致。但是显微硬度的最高值出现在次表层，是因为在激光高能量辐照下，最表层的元素（主要是 Mg 和 Al）发生了严重的烧损。

(2) 位错强化。前面的分析表明，CAL 的晶内和晶界上位错密度增大。金属学理论认为，在位错的周围存在应力和点阵畸变，位错密度越大，位错的运动就越困难，当晶体内的位错大量增殖时，材料就会表现出强化效果。因而，在位错强化作用下，CAL 的显微硬度得到明显提高。

(3) 固溶强化。TEM 及 X 射线衍射结果表明，CAL 中的 β 相对减少，说明原始镁合金中的 Al 元素除了烧损以外，大量的以置换固溶形式进入 α-Mg 中。研究表明，Al 作为镁合金材料的最有效的固溶强化元素，其固溶度每增加 1%，显微硬度可提高 10%。

4.5.2　熔凝层（CAL）的磨损性能

原始镁合金和 CAL 干摩擦试验在 MFT-R4000 摩擦磨损试验机上进行，对磨块为 GCr15 钢，摩擦时间为 20min，摩擦长度为 5mm，摩擦频率为 2Hz，载荷为 2N。系统记录摩擦系数，对比观察摩擦表面形貌，测量磨损后的质量损失。

从图 4—29 (a)、(b) 观察到，原始镁合金和 CAL 的磨损表面都呈现出磨粒磨损的形貌。原始镁合金的磨痕宽度约为 990μm，CAL 的宽度约为 910μm，表明激光熔凝后镁合金表面的耐磨损性能得到提高。如图 4—29 (c)、(d) 所示，原始镁合金和 CAL 表面经过磨损都出现了犁沟和磨脊，但是原始镁合金出现了大面积的剥落。在原始镁合金的大面积剥落区域，进一步放大，发现了氧化开裂的现象 [图 4—29 (c)]；而对 CAL 磨损表面放大 [图 4—29 (d)]，几乎未见氧化开裂，犁沟和磨脊仍是其典型的磨损形貌。对于原始镁合金材料，本身的化学活性高，易与大气中的氧作用，形成 MgO 薄膜。在磨损过程中，由于摩擦产热原理，相对摩擦消耗的功 90％以上是以热的形式表现出来的，在热量和相对摩擦力的作用下，一部分较脆的、不太致密的氧化膜极易被磨损并剥落，另一部分氧化膜残留在磨损表面形成磨屑。对磨件和磨屑同时压入材料表面，由于 CAL 相对更硬，相对于原始镁合金，压入 CAL 表面的磨屑较少，因而在相对摩擦中形成较浅的磨脊和犁沟。另外，原始镁合金和 CAL 中都存在 β 相，β相不论是分布于晶内还是晶界，在相对摩擦时会产生形变，形变过程中不同的相之间不协调，因而在较硬的 β 相周围产生位错的塞积，塞积处的应力不断增大，会使得其与基体在界面处分离。而 CAL 的 β 相含量比原始镁合金少，其磨损剥离较少。

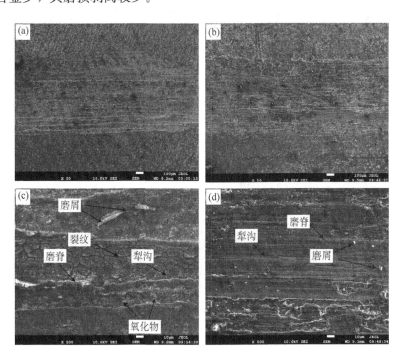

图 4—29　原始镁合金和 CAL 的表面磨损形貌

（a）原始镁合金；（b）CAL；（c）图（a）的局部放大；（d）图（b）的局部放大

对 CAL 磨损表面进行局部区域的元素成分分布检测，如图 4—30 和图 4—31 所示。原始镁合金的裂纹处主要是 Mg 元素，而 Al、O 元素主要集中在未开裂区，说明磨损开裂主要发生在 Mg 基体之间。而 CAL 的 Mg、Al 元素分布更均匀，说明激光熔凝处理抑制了元素偏析。

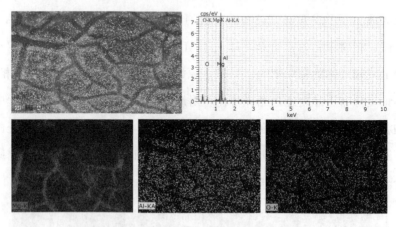

图 4—30　原始镁合金磨损表面的元素分布

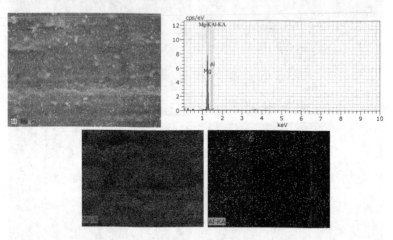

图 4—31　CAL 磨损表面的成分分布

一般地，金属材料抵抗磨粒磨损的能力 M 与材料硬度 H 之间的关系为 $M \propto k \dfrac{H}{E}$，对于同一种材料，微观组织改变时杨氏模量 E 基本不变，因而镁合金材料的抵抗磨损的能力主要与其硬度成正比。在本试验中，镁合金表面经过激光熔凝处理后,表层显微硬度显著增加,所以 CAL 耐磨损的能力相应提高。

在摩擦学中,摩擦系数也是表征材料磨损性能的基本参数之一,它是相互接触的材料、接触面状态的重要特征。图 4-32 和表 4-5 分别是原始镁合金和 CAL 的摩擦系数随时间的变化曲线、摩擦系数及磨损失量。

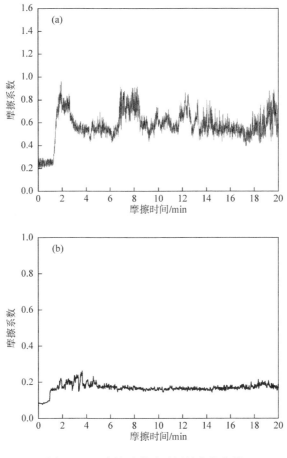

图 4-32 摩擦系数随时间的变化曲线

(a) 原始镁合金;(b) CAL

原始镁合金和 CAL 的摩擦系数曲线存在较大的差别。原始镁合金的磨损形式是磨粒磨损和氧化磨损。磨损刚开始时摩擦系数迅速接近 1.0,之后逐渐降低,摩擦系数波动较大,说明在磨损接触面黏着物较多,导致摩擦表面粗糙度较高。CAL 的摩擦系数在整个磨损过程中波动并不大，随着摩擦时间延长，摩擦系数逐渐趋于稳定。摩擦系数和磨损失量的对比也说明镁合金表面经激光熔凝后耐磨性得到了较大的改善。

表 4—5 原始镁合金和 CAL 磨损数据

材料	磨损失量 /mg	最大摩擦系数	平均摩擦系数
原始镁合金	10	0.961	0.578
CAL	8	0.312	0.200

4.5.3 熔凝层（CAL）的腐蚀性能

采用电化学腐蚀试验和腐蚀重量法测试原始镁合金和 CAL 的腐蚀性能。将原始镁合金和 CAL 制成如图 4—33 所示的试样，在质量分数为 3.5%、pH＝7 的 NaCl 溶液中进行电化学腐蚀试验，参比电极为饱和甘汞电极，辅助电极为铂电极，熔凝层被测区作为工作电极。

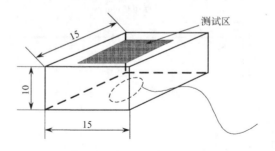

图 4—33 电化学腐蚀试样（单位：cm）

图 4—34 是测得的原始镁合金和 CAL 的电化学腐蚀极化曲线，可见，原始镁合金和 CAL 的电化学腐蚀极化曲线遵循塔菲尔（Tafel）规律，但是没有典型的活化与钝化的转变及钝化区。表 4—6 是根据图 4—34 获得的原始镁合金和 CAL 的自腐蚀电位和自腐蚀电流值及用重量法测定的平均腐蚀速率。在均匀腐蚀的情况下，通常用腐蚀电流密度来判别材料的耐腐蚀性能，但是镁合金材料多发生点蚀，很少出现均匀腐蚀，这里以自腐蚀电位、自腐蚀电流及平均腐蚀速率综合判断其耐腐蚀性能。CAL 的自腐蚀

电位比原始镁合金正移 126mV，自腐蚀电流降低一个数量级，平均腐蚀速率约降低一半，综合说明在氩气环境冷却下激光熔凝处理后，镁合金表面的耐腐蚀性能得到提高。

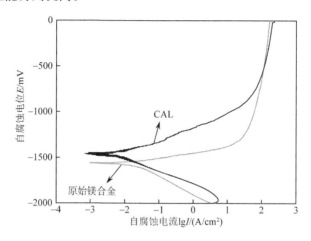

图 4—34　原始镁合金和 CAL 的电化学腐蚀极化曲线

表 4—6　原始镁合金和 CAL 的自腐蚀电位和自腐蚀电流

材料	自腐蚀电位 E/mV	自腐蚀电流 $I/(\mathrm{A/cm^2})$	平均腐蚀速率 $v/[\mathrm{g/(cm^2 \cdot h)}]$
原始镁合金	-1586	1.60×10^{-2}	0.0684
CAL	-1460	5.06×10^{-3}	0.0324

在金属材料的多种腐蚀类型中，镁及镁合金对电偶腐蚀、局部腐蚀和应力腐蚀尤为敏感，且危害较大。在原始镁合金和 CAL 电化学腐蚀过程中，与 NaCl 溶液接触的试样表面产生大量气泡，说明镁合金在 NaCl 溶液中发生析氢反应：

阳极：
$$\mathrm{Mg} \longrightarrow \mathrm{Mg^{2+}} + 2e^-$$

阴极：
$$2\mathrm{H_2O} + 2e^- \longrightarrow \mathrm{H_2} \uparrow + 2\mathrm{OH^-}$$

在一个腐蚀体系中，能量分布不同，电子会从能量高的区域流向能量低的区域，从而维持体系的能量稳定。用费米能级来表征腐蚀体系中电子在最高能级的填充能力。原始 AZ31B 镁合金和 CAL 都由 α-Mg 和 β-$\mathrm{Mg_{17}Al_{12}}$ 组成，α-Mg 和 β-Mg$_{17}$Al$_{12}$ 的费米能级分别约为 $-8.1614\mathrm{eV}$ 和 $-8.5975\mathrm{eV}$。根据能量最低的电子理论，高费米能级的 α-Mg 易于失电子，故在 NaCl 溶液中，α-Mg 作为腐蚀阳极存在，而 α-Mg 和 β-Mg$_{17}$Al$_{12}$ 之间的 $0.4361\mathrm{eV}$ 的费米能级差足以促使 α-Mg 先于 β-Mg$_{17}$Al$_{12}$ 腐蚀，β-Mg$_{17}$Al$_{12}$ 作为腐蚀阴极存在。

对于原始镁合金，一方面发生 α-Mg 和 β-Mg$_{17}$Al$_{12}$ 之间的微电偶腐蚀，另一方面原始镁合金中一些有害的杂质元素，如 Fe 元素在 Mg 中几乎不固溶，而 Ni、Cu 等元素易与 Mg 形成 Mg$_2$Ni 和 Mg$_2$Cu 等，都会降低镁合金的腐蚀性能，因而原始镁合金表现出很差的耐蚀性。

CAL 表层表现出较好的耐蚀性，是因为尽管 CAL 中仍进行 α-Mg 和 β-Mg$_{17}$Al$_{12}$ 之间的电偶腐蚀，但是 β-Mg$_{17}$Al$_{12}$ 的含量减少，相对而言少量的 β-Mg$_{17}$Al$_{12}$ 参与到 α-Mg 和 β-Mg$_{17}$Al$_{12}$ 的电偶腐蚀中，抑制了 α-Mg 的进一步腐蚀。而且，在激光高能作用下表层元素的烧损导致的 Al 元素的相对含量增加，一方面净化杂质元素；另一方面形成耐腐蚀的氧化铝膜，对耐蚀性的改善起着积极作用。

4.6　小结

本章对 AZ31B 镁合金进行了在氩气环境中冷却的激光熔凝，通过计算机控制系统，实现镁合金的单道和多道搭接激光熔凝，分析研究了熔凝层（CAL）的微观组织和表面性能，包括以下几点：

（1）在激光作用下，由于表面镁合金的蒸气反冲作用，熔凝层表面凹凸不平。宏观上，CAL 分为表层熔凝区、热影响区和接近熔凝区的未受热影响的基材区。随着扫描速率的降低或激光功率的增大，CAL 的宽度和深度都增加。

（2）在结合界面处，熔融的镁合金沿着垂直于界面的方向以联生方式结晶凝固，从 CAL 底部至表层，结晶组织以树枝晶方式生长，枝晶间距逐渐减小，而且出现了周期性凝固组织，熔凝区表层由于溶质对流和多向散热，晶粒生长方向紊乱。在 CAL 的搭接区，由于二次受热，前一道的搭接区晶粒出现二次长大趋势。CAL 和原始镁合金都由 α-Mg 和 β-$Mg_{17}Al_{12}$ 组成，但 CAL 的 β-$Mg_{17}Al_{12}$ 含量相对较少。CAL 的析出相在晶内主要呈现棒状，而原始镁合金的析出相在晶界和晶内都为类球状。激光熔凝后，CAL 的应力场重新分布，导致晶内位错密度提高，形成位错墙。

（3）由于细晶强化、固溶强化和位错强化作用，CAL 的显微硬度和耐磨损性能都比原始镁合金提高。显微硬度由基体的 45HV 升至最高 78.1HV。原始镁合金表面以氧化磨损和磨粒磨损为主，而 CAL 以磨粒磨损为主，摩擦系数曲线表征和磨损质量对比都表明在氩气冷却环境中激光熔凝后，镁合金表面的耐磨性得到了改善。

（4）在 3.5% 的 NaCl 溶液电化学腐蚀后，CAL 的自腐蚀电位比原始镁合金正移了 126mV，表面耐蚀性稍有改善，但改善效果不明显。

第 5 章　激光·液氮作用下的镁合金
表面熔凝行为

5.1　引言

　　为通过提高镁合金熔体的冷却速率来进一步改善镁合金激光表面改性层的性能，本章从冷却环境着手，将激光高温加热和工业液氮低温冷却相结合，对 AZ31B 镁合金进行激光表面熔凝处理。分析了该冷却环境中的镁合金熔凝层的微观组织结构及表面性能，并与第 4 章在氩气冷却条件下获得的熔凝层的微观组织结构和表面性能进行对比。

5.2　试验材料及方法

5.2.1　试验材料

本章试验所用的基体材料类型、尺寸及化学成分与第 4 章相同。

5.2.2　试验设备及方法

　　为便于与氩气冷却条件的镁合金激光表面改性进行对比，本章试验仍利用 CO_2 气体激光器进行激光熔凝，试验工艺及参数选择与第 4 章相同。

　　图 5—1 是自制的液氮冷却的激光熔凝冷却系统，主要包括储液装置、熔池惰性气体保护装置、冷却装置。储液装置用于存放冷却介质（液氮），熔池惰性气体保护装置用于输出保护气体（氩气）以避免镁合金加热冷却过程中遭受空气氧化，冷却装置用于保证激光熔凝过程中镁合金基体材料始终处于液氮环境中，以达到快速冷却效果。

首先，将镁合金材料的工作表面进行去油除污、喷涂吸光材料的预处理。然后，将处理后的镁合金除工作表面以外的其余面在液氮中浸泡10min，保证镁合金材料整体冷却到足够低的均一温度。接着，进行液氮冷却条件下的镁合金激光表面熔凝试验，在这个过程中观察液氮的液面，不断加入液氮和氩气，保证液氮表面与镁合金板表面始终处于同一水平面。在液氮冷却环境中进行的镁合金激光表面熔凝工艺简记为 CLN，获得的熔凝层简记为 CLNL。

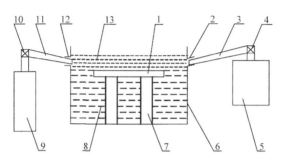

图 5—1　设计的液氮冷却系统

1.AZ31B镁合金板；2.进液口；3.导液管；4.控液阀；5.液氮罐；6.钢制容器；7.支撑架；8.液氮；9.氩气罐；10.控气阀；11.导气管；12.进气口；13.氩气

5.3　熔凝层（CLNL）的组织行为

5.3.1　熔凝层（CLNL）的宏观形貌

镁合金在液氮冷却环境下的激光表面熔凝处理后，熔凝层（CLNL）表面比在氩气中冷却的熔凝层（CAL）表面平整，如图 5—2 所示。在 CLN 中，镁合金表面受热蒸发产生蒸气，该蒸气在材料表面会产生反冲力，从而使熔融的金属表面下陷甚至形成小孔，在随后的凝固过程中被保留下来而产生表面凹凸不平。但是处于本试验的液氮冷却环境中，液氮的低温（−196℃）使整个熔池的凝固速率变快，反冲作用力来不及充分作用，熔池表面便已凝固，故而最终形成的熔凝层 CLNL 表面相对平整。

图 5－2　CLNL 的宏观形貌

图 5－3 是与图 5－2 同一试件的 CLNL 的横截面的宏观形貌，CLNL 的深度约为 $230\mu m$。与 CA 工艺相似，由于采用高斯模式的激光热源，CANL 也表现出月牙状的截面形貌。但是，CLNL 熔深变小，而且观察不到明显的热影响区，这主要是因为在液氮环境中冷却，散热速率极大提高，加快了镁合金熔体的冷却凝固速率。

图 5－3　液氮冷却下 CLNL 的横截面低倍形貌

5.3.2　熔凝层（CLNL）的微观组织结构

在液氮冷却环境中，相比于氩气冷却，液氮的低温作用导致熔体的散热极快、冷却极快，同时由于激光高温加热，镁合金熔体的凝固兼具高温度梯度和高凝固速率的特点。因而，之前的镁合金表面改性的理论不能很好地解释该条件下改性层的结晶凝固行为。

图 5—4 是 CLNL 横截面的微观组织形貌。与 CAL 相似的是，在激光束作用下形成的镁合金熔池仍是以与熔池底端相邻的半熔化态的镁合金表面为生长表面，沿着与热流相反的方向快速地结晶凝固。由 CLNL 底部 [图 5—4(a)] 至上部 [图 5—4(c)]，晶粒尺寸逐渐减小，CLNL 中上部晶粒较镁合金基体显著细化，与基体结合界面处主要是由近似垂直于界面的柱状晶组成的，且熔池底部仍在一个未熔的晶粒表面上生长出多个柱状晶晶粒。

与 CAL 结晶凝固形貌的不同之处有以下三点：

（1）没有明显的热影响区。图 5—4（a）中观察不到明显的热影响区，激光本身是一种能量密度高度集中的热源，加上液氮的低温冷却作用，熔融镁合金的受热区域更加集中。

（2）二次枝晶臂不发达。液氮低温冷却使镁合金熔体的传热速率极大提高，也使熔体的冷却凝固速率极大提高。晶核的长大趋势被抑制，继而使得由熔池底部向上生长的柱状晶的二次枝晶的生长被抑制。因而，图 5—4（b）中观察不到明显的二次枝晶。甚至在熔凝层的中部 [图 5—4(c)] 出现了等轴晶。由金属学理论可知，枝晶臂之间存在一定的枝晶偏析，推断出现的二次枝晶臂的生长受限在一定程度上会减弱该偏析，这将对改性层性能的改善起到积极作用。

（3）晶粒更加细小。在镁合金材料的冷却结晶过程中，也有一般金属材料结晶的过冷现象。在小过冷情况下，镁合金材料的凝固过程主要受控于溶质过冷。而金属的过冷度大小是与熔体的冷却速率紧密相关的，当熔体的冷却速率越快，其过冷度就越大。在液氮环境下冷却，镁合金熔体的冷却速率极大地提高，其过冷度也增大。所以在该条件下，溶质过冷被热过冷所取代，热过冷成为镁合金凝固的主要过冷方式。在如此大的过冷度下，形核长大受到抑制，整体表现出晶粒的高度细化。

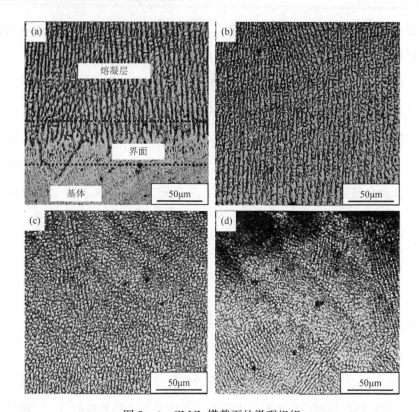

图 5—4 CLNL 横截面的微观组织

（a）基体与熔凝层的界面；（b）熔凝层下部；（c）熔凝层中部；（d）熔凝层上部

进一步对 CLNL 的晶粒大小进行观察发现，CLNL 的中部至上部，晶粒大小差别不大，这是由于试验前试件已处于液氮环境中，在激光的加热冷却过程中，液氮对整个熔凝层起持续快速冷却作用，使中上部区域的温度梯度变化不大，故形成了晶粒大小较均匀的改性层。这与 CAL 的晶粒尺寸相差较大的特征是不同的。另外受合金熔体流动的干扰，明显失去散热方向的树枝晶以无拘束方式自由成核生长。

CLNL 中虽然也出现了较大的柱状晶组织，但是与 CAL 相比，柱状晶组织并未贯穿整个熔凝层 [图 5—5(a)]。由于晶粒各向异性，而且散热方向对熔体中晶粒的长大有很大的影响 [图 5—5(b)]，柱状晶产生了选择性长大。在液氮冷却条件下，镁合金熔体的最快散热方向是沿着熔池表面至熔池底部，该方向最有利于晶粒的长大，这部分晶粒优先成长，但由于凝固速率极快，优先生长的晶粒的长大过程并不能充分进行。其他的取向不利于成长，而且与最快散热方向不一致，同时又由于极快速地凝固，这种晶粒的生长也停止下来。在这种机制下，表现出了如图 5—5 所示的特殊微观形貌。

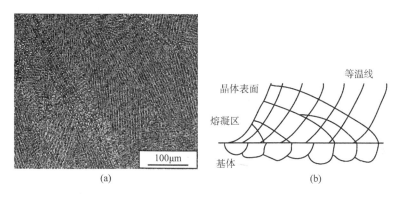

(a)　　　　　　　　　　(b)

图 5—5　贯穿于整个熔凝层的柱状晶

（a）微观形貌；（b）生长原理

　　在 CLNL 中发现了更为典型的周期性凝固组织（图 5—6）。在 CLN 过程中，一方面，惰性保护气体的作用对形成的熔池造成扰动；另一方面，液氮气化形成的气体也造成熔池的流动。在熔池这种复杂对流情况下，生长出比 CA 条件下更明显的周期性凝固组织。

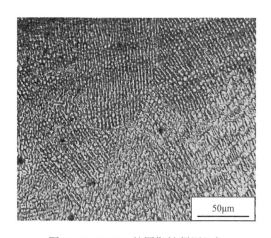

图 5—6　CLNL 的周期性凝固组织

图 5-7（a）是表面处的 CLNL 与旁边基体的结合界面，与图 5-4（b）不同，没有形成沿基体向上生长的树枝晶，而是形成与基体光滑过渡、均一的等轴晶。因为熔池底部的结晶主要靠基体的散热，所以熔体形核长大；而熔池表面受基体散热和环境散热的双重作用，故以等轴晶为主。图 5-7（b）是 CLNL 的表面微观组织。经过 CLN 快速加热冷凝方法，CLNL 表面形成了大小均匀的组织，由 SISC LASV8.0 计算得出平均晶粒尺寸约为 5.1μm。由于熔池表面受到熔凝层中部的熔体传热和外界环境散热的双重作用，温度梯度较下部减缓，形成了均一的组织。在 CLN 条件下获得的熔凝层具有比基体材料更小的晶粒尺寸，这主要与该条件下大过冷度所达到的高形核率和凝固速率有关。

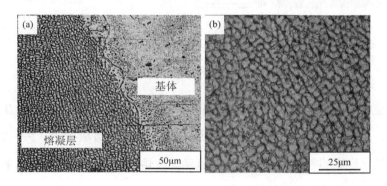

图 5-7　CLNL 表层的界面

对 CLNL 表面的微观组织进一步放大观察（图 5-8），在 CLN 条件下的镁合金的结晶凝固沿晶界分布的 β-$Mg_{17}Al_{12}$ 较少。

CLNL 的深度方向及 CLNL 的上部至与之相邻的镁合金基体区域，AZ31B 镁合金中的主要化学成分 Mg 和 Al 没有发生明显的变化。而 CLNL 表面的宽度方向，即沿着表面 CLNL 至相邻镁合金基体区域，Mg 和 Al 的含量也没有太大的波动（图 5-9）。这都说明，CLN 方法提供了一种快速冷却凝固的方式，在该方式下，镁合金受热熔化及随后冷却凝固的速率极快，镁合金熔体的过冷度非常大，元素的截留不断发生，化学元素来不及重新分配，最后可以演化成没有偏析、没有扩散的快速凝固组织。

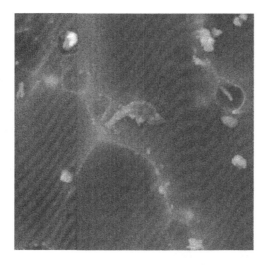

图 5-8　CLNL 的晶粒放大

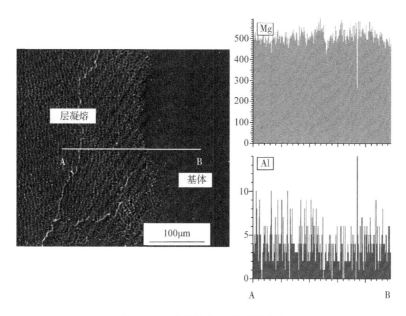

图 5-9　界面结合区的元素分布

如图 5-10 所示，镁合金在 CLN 环境下激光熔凝处理后，位错密度大大提高。相比于 CA 条件下的熔凝层 CAL，晶界处的位错密度极大提高，甚至出现了位错缠结［图 5-10（a）］。此外，在晶粒内部也发现了大量的位错［图 5-10（d）］。

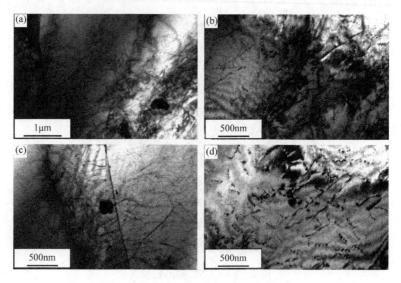

图 5—10　CLNL 的位错

一方面，如前述分析，在 CLN 冷却环境下，镁合金熔凝层的晶粒细化程度更高，晶界增多，阻碍位错的运动，因而位错在晶界处出现大量的缠结现象。在 CLN 条件下，终态 CLNL 的温度 $T_{液氮} < T_{氧气}$，由于体积收缩，将产生更大的热应力。该热应力的作用在 CLNL 中会产生更多的位错。

另一方面，镁合金在加热冷却过程中产生的热应力导致的塑性变形是位错密度提高的又一重要原因。CLNL 的产生过程是：固态镁合金基材→液态镁合金熔体→固态镁合金熔凝层，这个过程由于热胀冷缩特性，固态镁合金的加热冷却区域体积改变，从而产生了热应力。固态物质的物态方程为

$$\alpha = \frac{1}{V}\left(\frac{\partial V}{\partial T}\right)_P \qquad (5-1)$$

式中，α——膨胀系数，K^{-1}；

V——体积，cm^3。

在 CLN 环境下的镁合金激光表面熔凝是个等压过程，所以温度为 T 时的体积为

$$V_T = V_0 e^{\alpha(T-T_0)} \tag{5-2}$$

熔凝后的 CLNL 的体积变化为

$$\Delta V = V_T - V_0 = V_0 \left[e^{\alpha(T-T_0)} - 1 \right] \tag{5-3}$$

体积收缩率为

$$\theta = \frac{\Delta V}{V_0} = e^{\alpha(T-T_0)} - 1 \tag{5-4}$$

相应的平均压应力可由体积虎克定律获得，即

$$\sigma_m = K\theta = K \left[e^{\alpha(T-T_0)} - 1 \right] \tag{5-5}$$

式中，K——体积弹性模量，Pa；

σ_m——3 个主应力的平均值，Pa。

图 5—11 是 CLNL 析出相的典型形貌。与镁合金基材及 CAL 层相比，析出相变成了边缘曲折的近颗粒状，尺寸大约为 100nm。

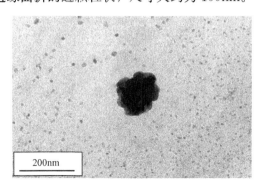

200nm

图 5—11　CLNL 析出相的典型形貌

在 CLNL 的高分辨图像中观察到了原子杂乱排列的区域（图 5—12），说明 CLNL 出现了非晶化。一种典型的特征是该原子杂乱区与周边原子有序排列区域有明显的分界。该原子紊乱区的电子衍射斑表明该区域是非晶和纳米晶的混合区，说明在 CLN 环境下的镁合金激光表面熔凝可以对表层镁合金局部区域实现纳米晶化和非晶化。

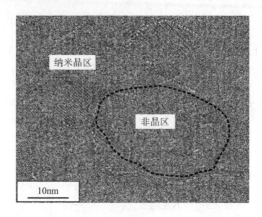

图 5－12　CLNL 的部分纳米晶区及非晶区

5.3.3　熔凝层（CLNL）的物相

对比原始镁合金、CAL 和 CLNL 的物相组成，如图 5－13 所示。原始镁合金是在平衡凝固态获得的，主要由 α-Mg 和 β-$Mg_{17}Al_{12}$ 两相组成。CAL 是在非平衡凝固态获得的，由 α-Mg 和 β-$Mg_{17}Al_{12}$ 组成。冷却凝固速率极大加快的 CLNL 是在远离平衡凝固态获得的，其 XRD 图谱中主要是 α-Mg，且与原始镁合金相比，其衍射峰发生了微小的偏移，且 β-$Mg_{17}Al_{12}$ 的衍射峰强极其微弱。

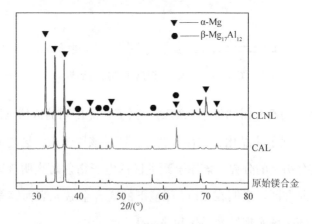

图 5－13　熔凝层和原始镁合金的 X 射线衍射图

CA 工艺下熔体的冷却速率比轧制态的速度快，发生非平衡凝固，此时溶质元素（主要是 Al）的固溶度比平衡凝固时高，形成了过饱和度大的 α-Mg 固溶体。而且激光高温加热下，β-Mg$_{17}$Al$_{12}$ 相发生分解，甚至溶解，分解出的大量 Al 元素也形成 α-Mg 固溶体。

在 CLN 工艺下的冷却，CLNL 以更快的冷却速率迅速凝固，在这种远离平衡态下的凝固，固-液界面的推进速度非常快，使来不及扩散的溶质元素被"湮没"在高速移动的界面中凝固，固-液界面前沿溶质原子的扩散和迁移受到阻碍，α-Mg 的生长速率很快，故平衡态下发生的 L→α-Mg＋β-Mg$_{17}$Al$_{12}$ 的共晶转变被抑制，表现出 β-Mg$_{17}$Al$_{12}$ 极大地减少。已有许多研究证明，快速凝固可以使原子半径在±15％范围内的合金元素在 α-Mg 基体中的固溶度增加。而衍射峰的微小偏移也主要是由于在这种条件下 CLNL 的 α-Mg 固溶度的提高。

5.4　熔凝层（CLNL）的表面性能

5.4.1　熔凝层（CLNL）的显微硬度

CLNL 的显微硬度曲线如图 5－14 所示，显微硬度的测试方式和测试位置与 CAL 相同。CLNL 的显微硬度最高约为 150.3HV，是镁合金基体的 3 倍。

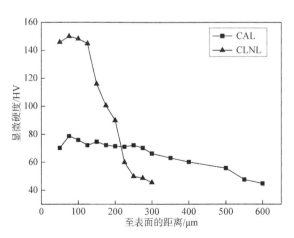

图 5－14　CLNL 显微硬度曲线

与 CAL 显微硬度变化趋势相对比的具体数值见表 5—1。相同点：第一，显微硬度曲线都呈现出先升后降，至结合界面，其显微硬度值逐渐接近基体材料，且熔凝层的显微硬度明显高于母材。由此说明，采用适当工艺，CA 和 CLN 的激光熔凝都可以提高镁合金材料的显微硬度。第二，最高显微硬度区域都是次表层。这都是由于激光高温加热下，最表层的合金元素发生蒸发和烧损造成的。不同点：CLNL 的最高显微硬度位置是一个区域，而 CAL 的是一个点。CAL 晶粒由熔凝层底部至表层逐渐变小，而 CLNL 由熔凝层底部至表层晶粒亦逐渐变小，但是 CLNL 的中上部晶粒逐渐趋于均匀，由晶粒细化所致的最高显微硬度位于中上部的这个区域。

表 5—1 熔凝层的显微硬度对比

材料	显微硬度/HV	
	最大值	平均值
镁合金基体	48.5	45.0
CAL	78.1	69.5
CLNL	150.3	134.2

5.4.2 熔凝层（CLNL）的磨损性能

CLNL 和 CAL 的表面磨损形貌如图 5—15 所示。在相同的磨损条件下，CLNL 的犁沟非常浅，进一步放大熔凝区进行对比，如图 5—15（c）、（d）所示，CLNL 的磨损层的磨屑更少、更小。CLNL 磨损表层的元素分布如图 5—16 所示，磨损层未见 O 元素，说明 CLNL 的磨损主要以磨粒磨损为主。

表征熔凝层磨损特征的摩擦系数曲线和磨损失量等见图 5—17 和表 5—2，说明在液氮环境下冷却，CLNL 磨损性能的改善程度更高。磨损量的减少与表层显微硬度的提高密切相关。磨损失量和显微硬度的关系可以用经典阿尔查德（Archard）方程表示。

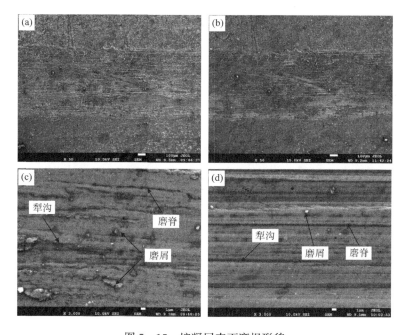

图 5-15　熔凝层表面磨损形貌

(a) CAL；(b) CLNL；(c) 图(a)的局部放大；(d) 图(b)的局部放大

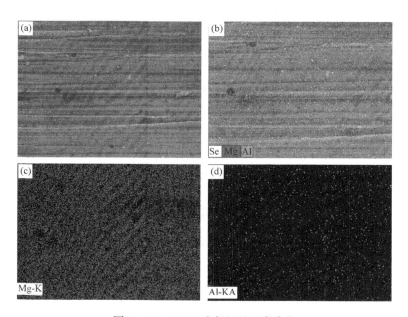

图 5-16　CLNL 磨损层的元素分布

$$W = kFL_磨/H \qquad (5-6)$$

式中，W——磨损失量，g；

k——系数；

F——磨损载荷，N；

$L_磨$——磨损距离，mm；

H——显微硬度，HV。

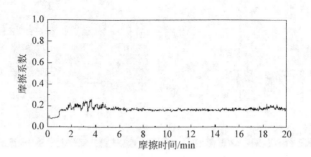

图 5-17 CLNL 的摩擦系数随时间的变化曲线

表 5-2 原始镁合金和熔凝层的磨损数据

材料	磨损失量 /mg	最大摩擦系数	平均摩擦系数
原始镁合金	10	0.961	0.578
CLNL	5	0.261	0.168
CAL	8	0.312	0.200

5.4.3 熔凝层 (CLNL) 的腐蚀性能

CLNL 的腐蚀性能测试采用与第 4 章相同的测试手段和测试条件，图 5-18、表 5-3 及表 5-4 是原始镁合金及 CAL 和 CLNL 的电化学腐蚀极化曲线、自腐蚀电位和自腐蚀电流数据，以及根据重量法测得的平均腐蚀速率。

CLNL 电化学腐蚀极化曲线（图 5-18）的特点之一是，与原始镁合金和 CAL 相比，发生了左移和上移，说明其自腐蚀电位出现了正移及自腐蚀电流的降低，结合表 5-3，CLNL 的自腐蚀电位比原始镁合金和 CAL

分别正移了 133mV 和 7mV，自腐蚀电流密度分别降低了两个数量级和一个数量级，说明 CLNL 的表面耐蚀性得到了提高，而且提高程度更高。另一个显著特点是，CLNL 的极化曲线出现了明显的钝化区，即在 1300mV 左右，自腐蚀电流密度突然减小两个数量级，亦说明耐蚀性得到了极大改善。

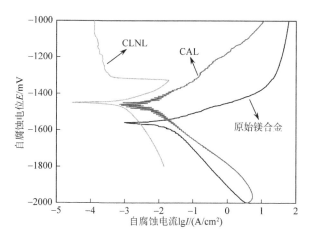

图 5—18　原始镁合金和激光熔凝层的电化学腐蚀极化曲线

表 5—3　原始镁合金和激光熔凝层的自腐蚀电位及自腐蚀电流

材料	自腐蚀电位 E/mV	自腐蚀电流 $I/(A/cm^2)$
原始镁合金	-1586	1.60×10^{-2}
CAL	-1460	5.06×10^{-3}
CLNL	-1453	6.98×10^{-4}

表 5—4　原始镁合金和激光熔凝层根据重量法测得的平均腐蚀速率

材料	腐蚀前质量 W_1/g	腐蚀后质量 W_2/g	腐蚀失量 $\Delta W = |W_2 - W_1|/g$	平均腐蚀速率 $v/[g/cm^2 \cdot h]$
原始镁合金	3.943	3.962	0.019	0.0684
CAL	3.736	3.745	0.009	0.0324
CLNL	4.180	4.177	0.003	0.0253

由重量法测得的 CLNL 的平均腐蚀速率为 $0.0253g/(cm^2 \cdot h)$，是原始

镁合金和 CAL 的 0.37 倍和 0.78 倍，腐蚀速率的减慢也证明了 CLNL 具有更佳的耐蚀性。

CLNL 的腐蚀类型与第 4 章分析的原始镁合金和 CAL 相同，仍以 α-Mg 和 β-$Mg_{17}Al_{12}$ 之间的微电偶腐蚀为主。但是 CLNL 具有更好的腐蚀性，原因如下：第一，CLNL 的 β-$Mg_{17}Al_{12}$ 含量更少、尺寸更小，作为腐蚀阴极的 β-$Mg_{17}Al_{12}$ 的阴极面积及阴极总量减小，对阳极 α-Mg 的腐蚀起到阻滞作用，这种阻滞作用比 β-$Mg_{17}Al_{12}$ 之间形成腐蚀屏障的作用更大，因而表现出更好的耐腐蚀性能。第二，液氮冷却时，对镁合金熔池起到快速凝固作用，快速凝固提高了熔凝层中 Al 的固溶度，而且降低了杂质元素的偏析，对耐蚀性的改善起着积极作用。第三，CLNL 局部区域出现了非晶和纳米晶结构组织，这也有利于提高镁合金表面的耐蚀性。

5.4.4 熔凝层（CLNL）的断裂特性

按照国家标准《金属材料　夏比摆锤冲击试验方法》（GB/T 229—2007）对 CLNL 进行冲击试验，试件尺寸如图 5−19 所示，试验温度为 20℃，冲击能量为 4.8J。

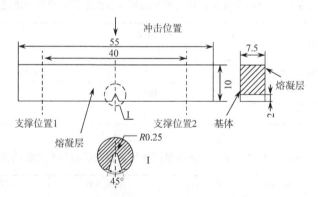

图 5−19　冲击试件尺寸（单位：mm）

CLNL 和镁合金基体的冲击断口形貌有明显的不同（图 5−20）。对 CLNL 和基体的断口区分别进一步放大观察，CLNL 的断口出现少量典型的韧窝，而且还有一些由细小韧窝组成的纤维状的撕裂痕，部分区域有晶

粒拔出的痕迹 [图 5—20 (b)]，表现为一定的塑性变形。而镁合金基体的断口处有明显的解理台阶和二次裂纹 [图 5—20 (c)]，因而脆性相对较大。

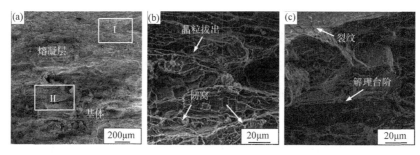

图 5—20　CLNL 冲击断口形貌

(a) 断口；(b) 韧窝；(c) 解理台阶

CLNL 的塑韧性的提高主要归功于其晶粒细化作用，CLNL 晶粒极大细化，特别是 CLNL 中上部的晶粒均一细小，使得该区域的性能趋于整体化。首先，CLNL 晶粒的细化使晶界的总面积增加，裂纹在扩展中受到的阻力增加，致使裂纹的萌生被推迟。其次，不论是沿晶扩展还是穿晶扩展，裂纹在扩展中都需要穿过晶界进入相邻的晶粒，继续扩展重复这一过程，而晶粒细化即晶粒数增多，意味着这一过程的重复频率增多，因而会消耗更多的能量。再次，冲击功所产生的变形可以被分散到更多的晶粒中，不容易造成局部应力集中，避免二次裂纹的过早形成和发展。此外，由微观组织结构分析可知，CLNL 的第二相 β 的含量减少了，在冲击形变过程中，第二相与基体界面的分离或第二相自身的断裂概率都会降低。最后，快速凝固降低了 CLNL 的溶质元素偏析，也对脆性断裂倾向的减轻起了重要作用。

5.5　小结

本章将 CO_2 激光加热与工业液氮冷却结合，试图在液氮（$-196℃$）低温环境中对激光快速加热的镁合金表面熔池进行快速冷却（CLN），以获得远离平衡态的凝固结晶组织，自制了在液氮环境中冷却的镁合金激光表面改性的试验装置，讨论了在液氮冷却下的熔凝层（CLNL）的微观组织结构及表面性能，并与在氩气冷却条件下的熔凝层（CAL）进行对比研究。

（1）在液氮环境中的镁合金比在氩气中的冷却速率快，激光热作用使汽化的表层镁合金迅速冷凝，蒸气对表面的反冲力较小，熔凝后的镁合金表面成形较好。由于快速凝固，熔凝层的宏观尺寸比在氩气冷却下的尺寸小，熔深约为 $230\mu m$。

（2）与 CAL 相比，CLNL 没有明显的热影响区，晶粒更加细小，枝晶间距更小，而且二次枝晶臂不发达。CLNL 的底部至中部，枝晶尺寸逐渐减小，但 CLNL 的中部至上部，晶粒大小差别不大。液氮汽化造成的更强烈的熔池扰动使 CLNL 中出现了更明显的周期性凝固组织。CLNL 表层晶粒大小均一，高度细化，为 $3\sim5\mu m$。晶粒的高度细化及高温度梯度产生的热应力使 CLNL 晶界处的位错密度极大提高，甚至出现了位错缠结。极快的冷却速率导致 CLNL 中出现了纳米晶和非晶的混合结构。

（3）CLNL 的表面硬度和耐磨损性能得到了极大程度的提高。熔凝层的最高显微硬度达 150.3HV，是原始镁合金平均显微硬度的 3.33 倍，是 CAL 的 1.92 倍。CLNL 的表面磨损仍以磨粒磨损为主，从摩擦系数和磨损质量判断，其耐磨性比原始镁合金甚至 CAL 都极大提高。

（4）CLNL 在 3.5%NaCl 溶液中的自腐蚀电位比 CAL 和原始镁合金分别正移了 7mV 和 133mV，自腐蚀电流密度降低了一个和两个数量级，耐腐蚀性能得到了提高。

第6章 激光·液氮作用下的镁合金表面激光熔覆异质材料

6.1 引言

激光熔覆作为另一种激光表面改性方法，可以通过选择合适的熔覆材料，使之与镁合金基材的表面薄层共同熔化凝固，获得性能更优的表面改性区域。第4、5章的分析研究已表明在液氮冷却环境中，镁合金激光熔凝层的表面性能比在氩气冷却条件下的改善程度更高。若能将该冷却条件用于镁合金的激光熔覆，同时选择适当的熔覆材料，镁合金的表面性能会更好。

本章探索了一种新的用于镁合金激光熔覆的熔覆材料，即 Al-Si 合金与 Si_3N_4 陶瓷的混合熔覆材料，进行液氮冷却环境中的镁合金激光表面熔覆，对熔覆材料组成配比、熔覆工艺、熔覆层微观结构和表面性能进行了分析讨论。

6.2 试验材料及方法

6.2.1 试验材料

6.2.1.1 基体材料

本章激光熔覆仍选用 AZ31B 镁合金板材为基体材料，其尺寸及化学成分与第4、5章相同。

6.2.1.2 熔覆材料

镁合金表面激光熔覆的熔覆材料由基本材料和分散材料组成。

颗粒度为 $1\sim20\mu m$ 的 Al-Si 合金粉作为熔覆基本材料。Al-Si 合金粉末的物理、化学相容性及冶金相容性与镁合金接近，易于与镁合金互熔，形成良好的冶金结合；且该合金粉末中的 Si 可提高熔体的流动性；再者，Al、Si 元素与镁合金中的 Mg 元素之间形成的一些化合物对熔覆层可以起到强化的作用。陶瓷材料在镁合金激光熔覆提高表面性能的效果非常好，与一般的陶瓷不同，氮化硅陶瓷的断裂韧性高，能够承受高的结构载荷，而且具备优异的耐磨损性能。选取颗粒度为 $30\sim50nm$ 的 Si_3N_4 陶瓷粉末作为熔覆粉末中的分散材料。试验所用熔覆粉末的相关特性见表 6－1，形貌见图 6－1。

表 6－1　试验材料及熔覆材料的相关特性

材料	熔点/℃	热膨胀系数/($\times10^{-5}$/℃)	粒径/nm
AZ31B 镁合金基体	650	$2.5\sim2.8$	—
Al-Si 合金粉	660	$1.88\sim2.36$	$1000\sim20000$
Si_3N_4 陶瓷粉	1900	<1	$30\sim50$

图 6－1　熔覆粉末的扫描形貌

（a）Al-Si 合金粉；（b）纳米 Si_3N_4 陶瓷粉末

6.2.2　试验方法

试验前，首先对基体材料镁合金进行预处理，预处理工艺与第 4、5 章完全相同。接着将由基本材料和分散材料组成的熔覆材料采用液态混合方法混合均匀，即将 Al-Si 粉末和 Si_3N_4 粉末分散入液态介质（乙醇）中，充分搅拌，再加入水玻璃，再次充分搅拌，将混合均匀的混合熔覆粉末预置于基体材料的工作表面上，自然晾干，预置的熔覆粉末厚度约为 $500\mu m$。熔覆粉末选用三种不同比例的 Si_3N_4 陶瓷粉末，即质量分数分别为 1%、5%、10% 的 Si_3N_4 陶瓷粉末。

试验时，试验设备及试验工艺过程与第 4、5 章相同。分别在氩气和液氮环境下的镁合金激光熔覆采用的工艺参数见表 6－2，熔覆示意见图 6－2 (c)。以激光熔覆过程的烟尘、飞溅以及熔覆层的表面质量作为评判激光熔覆质量的标准，选择试验工艺中最优的熔覆工艺获得的熔覆层进行后续测试分析。

试验后，对熔覆层进行微观组织结构及表面性能的测试分析。

表 6－2　激光熔覆工艺参数

序号	激光功率 P/W	扫描速率 $v/(mm/min)$	熔覆质量
1	3300	360	微熔
2	3300	420	成型稳定
3	3300	300	连续成型，质量较好
4	3300	240	成型稳定
5	3300	180	成型稳定

6.3　熔覆层的宏观形貌

图 6－2 是在氩气冷却条件下的镁合金表面激光熔覆的 Al-Si 基 Si_3N_4 复合熔覆层的宏观形貌。当 Si_3N_4 粉末在混合熔覆粉末中的质量分数为 1% 时，熔覆效果最好，复合熔覆层的表面连续性好、完整性高，无明显的开裂现象。当 Si_3N_4 粉末的质量分数为 5% 时，熔覆效果变差，熔覆层的连续性被破坏，且熔覆层表面凹凸不平现象较严重。当 Si_3N_4 粉末的质量分数为 10% 时，熔覆层基本不成型，且表面非常粗糙。这主要与镁合金激光熔覆中的固-液界面的润湿性有关，Al-Si 粉末与镁合金基体的物理化学性质相近，而 Si_3N_4 粉末与镁合金基体的物理化学性质相差甚远，因而

Si_3N_4 粉末的不同含量对固-液界面的润湿性有很大影响。如图 6－3 所示，熔融的熔覆层和未熔的镁合金基体的固-液界面主要有两种：一种是熔融的 Al-Si 合金与镁合金基体的界面，该界面上的润湿性较好；另一种是熔融的 Si_3N_4 与镁合金基体的界面，该界面上的润湿性很差。当 Si_3N_4 粉末的含量增多时，第二种界面的相对面积增大，造成整个固-液界面的润湿性变差，激光熔覆效果因而变差，导致熔覆层成型性较差，当 Si_3N_4 粉末的含量非常多时，甚至可能造成固-液界面的不润湿，致使熔覆层与基体无法有效结合。

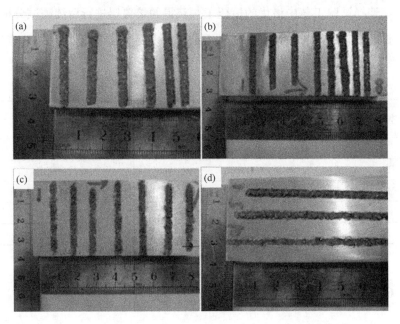

图 6－2　激光熔覆 Al-Si 基纳米 Si_3N_4 复合涂层的宏观形貌

（a）1‰ Si_3N_4；（b）5‰ Si_3N_4；（c）10‰ Si_3N_4；（d）三种比例下的最佳形貌

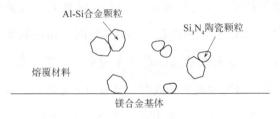

图 6－3　熔覆层中的界面

　　根据氩气冷却的镁合金激光熔覆层的成型质量分析，选取质量分数为 1% 的 Si_3N_4 的熔覆粉末作为液氮冷却环境下激光熔覆的熔覆材料，图 6-4 是不同工艺参数下的熔覆层的宏观形貌。当激光功率 $P=3300W$，激光扫描速率 $v=300mm/min$ 时，熔覆层的成型性和表面质量相对更好，以下针对该工艺获得的熔覆层进行分析研究。

图 6-4　镁合金表面激光熔覆后的宏观形貌

6.4　熔覆层的组织行为

6.4.1　熔覆层的显微组织

　　镁合金激光熔覆 Al-Si 合金 $+Si_3N_4$ 的熔覆层主要分为三个区域：基体区、过渡区、熔覆区，如图 6-5 所示，熔覆层厚度约为 $330\mu m$。

　　如图 6-6 所示，将氩气冷却和液氮冷却的激光熔覆层的微观组织形貌进行对比，熔覆层和基体形成了良好的冶金结合，界面光滑连续 [图 6-6 (a)、(b)]，熔覆层中分布着大量的黑色相，且从熔覆层底部至上部，黑色相尺寸逐渐减小。

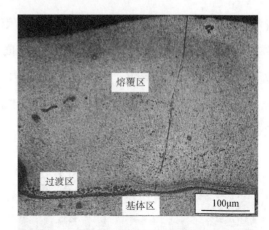

图 6—5 熔覆层宏观形貌

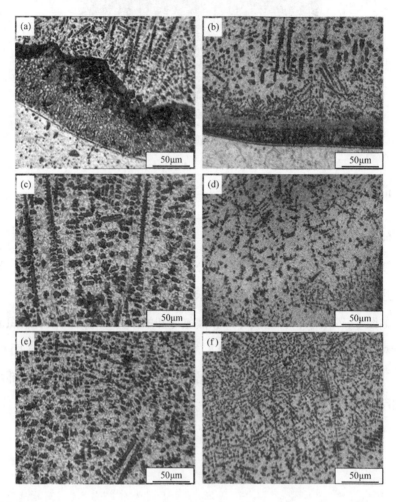

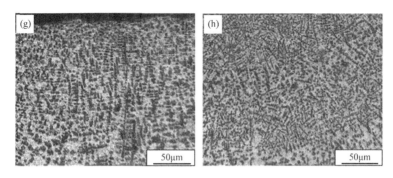

图6－6　激光熔覆层的显微组织

(a) 氩气冷却的结合界面；(b) 液氮冷却的结合界面；(c) 氩气冷却的下部；

(d) 液氮冷却的下部；(e) 氩气冷却的中部；(f) 液氮冷却的中部；(g) 氩气冷却的上部；

(h) 液氮冷却的上部

　　液氮冷却与氩气冷却的熔覆层不同之处在于：由于冷却速率的提高和扩散速率减缓，液氮冷却的熔覆层的厚度较小，液氮冷却的过渡区较小，黑色相尺寸更小。

　　对液氮冷却的熔覆层的微观组织进行 EDS 成分测试分析，结果见图6－7及表6－3。

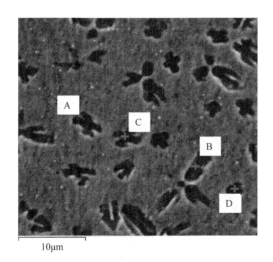

图6－7　熔覆层的特殊组织

表 6-3　熔覆层中特殊组织的成分　　　　　　　　　单位：%

位置	质量分数						原子分数					
	N	O	Mg	Al	Si	Zn	N	O	Mg	Al	Si	Zn
A	0.13	3.30	2.43	73.85	20.21	0.09	0.24	5.46	2.65	72.54	19.07	0.04
B	0.57	19.29	3.52	49.24	26.36	1.02	0.97	28.92	3.47	43.76	22.50	0.37
C	0.43	14.06	7.21	48.73	28.72	0.85	0.76	21.71	7.33	44.62	25.27	0.32
D	1.10	33.80	11.80	20.58	32.09	0.63	1.71	46.02	10.57	16.61	24.89	0.21

　　液氮冷却的熔覆层至基体的 EDS 成分测试结果如图 6-8 所示。激光熔池中的 Al、Si 和 N 元素已微量地扩散至镁合金基体的表层，同时基体中的部分 Mg 元素也溶解至熔池中。在激光辐照形成的熔池中，存在熔体的对流和重力场，在这两个因素的共同作用下，熔池中的不同位置形成了不同的化学势，从而引起元素的扩散。具体地说，熔池的对流使熔池表面向下移动，同时，镁合金基体表面在热作用下向上运动。不同种类的原子其密度不同，因而熔池的不同区域在同一水平面的压力不同，也会引起熔池的对流，从而引起原子之间的相互作用。此外，在高能量的激光束作用下，在热效应和不同元素密度的影响下，根据菲克（Fick）定律，原子将沿着一定的方向移动，引起了如图 6-8 所示的元素分布。

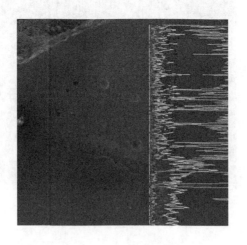

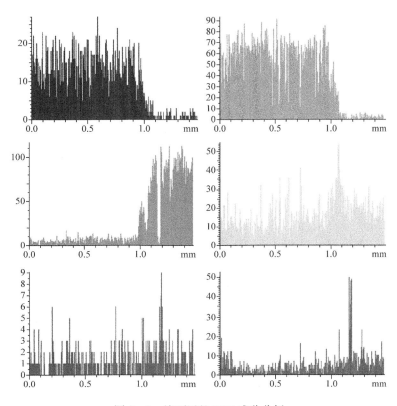

图 6－8　熔覆层的 EDS 成分分析

在热作用下，不同元素之间产生不同的相互作用。根据相图以及热力学和动力学原理，在熔覆层的结合界面处可能会形成 Al 和 Si、Mg 和 Si、Mg 和 Al 以及 Al 和 N 的化合物，因而在该界面处形成了良好的冶金结合。

熔覆层中还出现了少量纳米级的棒状、颗粒状的析出相（图 6－9）。

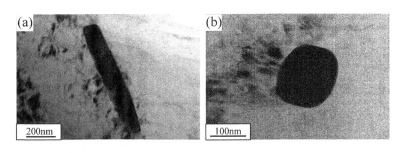

图 6－9　熔覆层中的析出相

（a）棒状析出相；（b）颗粒状析出相

6.4.2 熔覆层的物相

图 6—10 是在液氮冷却下镁合金表面激光熔覆层的 X 射线衍射谱。熔覆层主要由 Al、AlN、Al_9Si 和 Mg_2Si 组成。

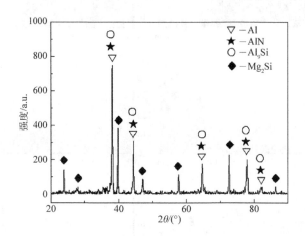

图 6—10　在液氮冷却下镁合金表面激光熔覆层的 X 射线衍射谱

尽管 Si_3N_4 的熔点高达 1900℃，但是其自由焓非常低，在激光熔覆过程中，高能激光的作用使 Si_3N_4 很容易被分解。另外，由于试验采用的 Si_3N_4 粉末是纳米颗粒，Si_3N_4 的颗粒越小，越易溶解于 Al 基合金中。因此，Si_3N_4 容易被分解形成 Si 原子和 N 原子，并在高温下与 Al 原子及 Mg 原子相互作用。纳米 Si_3N_4 粉末和 Al-Si 合金粉在激光高温下的作用如式（6—1）所示：

$$Al + Si_3N_4 \longrightarrow AlN + Si \qquad (6-1)$$

$$\Delta G = -126.88 + 0.01649T < 0 \qquad (6-2)$$

式中，ΔG——吉布斯自由能，是负值，kJ/mol。

因此，化学方程式（6—1）中的 Al 和 Si_3N_4 的反应可以自由进行，且该反应是个放热反应，有利于界面的形成。

合金粉末中 Al 原子也可以与 Al-Si 粉中的 Si 原子以及 Si_3N_4 粉中的 Si 原子进行如下化学反应：

$$x\mathrm{Al} + y\mathrm{Si} \longrightarrow \mathrm{Al}_x\mathrm{Si}_y \qquad\qquad (6-3)$$

Al-Si 合金粉以及分解的 $\mathrm{Si}_3\mathrm{N}_4$ 提供了充足的 Si 原子，未参与上述反应的 Si 原子又与从基体表层进入熔池中的 Mg 原子相互作用，形成 $\mathrm{Mg}_2\mathrm{Si}$。

在衍射图中并未出现 $\mathrm{Mg}_x\mathrm{Al}_y$ 的衍射峰。原子之间的相互作用与元素亲合力密切相关，而元素亲合力可根据元素的电负性获得。元素之间的电负性差异越大，则该元素之间的结合力越大，越易形成金属间化合物。表 6-4 为熔池中各元素之间的电负性值。Mg 和 Si 之间以及 Mg 和 Al 之间的电负性差值分别为 0.78 和 0.48，导致 Mg 更易于与 Si 形成化合物，因而形成了 $\mathrm{Mg}_2\mathrm{Si}$。

表 6-4　元素的电负性差异

		Mg	Al	Si
		1.20	1.50	1.98
Mg	1.20	0.00	0.30	0.78
Al	1.50	0.30	0.00	0.48
Si	1.98	0.78	0.48	0.00

6.5　熔覆层的表面性能

6.5.1　熔覆层的显微硬度

图 6-11 是在液氮环境冷却下的激光熔覆层的显微硬度，相对镁合金基体，该熔覆层的显微硬度大幅度提高。熔覆层的最高硬度约为 301.0HV，约是镁合金基体的 6.69 倍。从熔覆层的表层至深度约 $100\mu m$ 范围的显微硬度值相差不大，为 289.5~301.0 HV；从熔覆层的中部往下至深度约 $100\mu m$ 范围的显微硬度值略有下降，为 218.2~238.5HV；从熔覆层的下部至与基体的结合区，显微硬度值陡降至与基体基本相同。

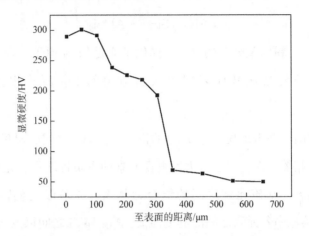

图 6－11　液氮条件下熔覆层的显微硬度

6.5.2　熔覆层的腐蚀性能

图 6－12 是原始镁合金和激光熔覆层在质量分数为 3.5％的 NaCl 溶液中的电化学腐蚀极化曲线，表 6－5 是与之对应的自腐蚀电位和自腐蚀电流。激光熔覆层的自腐蚀电位和自腐蚀电流密度分别为－1221mV 和 0.07e－2，自腐蚀电位比原始镁合金提高了 365mV，自腐蚀电流比原始镁合金降低了两个数量级。因此，镁合金表面熔覆 Al-Si 合金粉＋Si_3N_4 粉后，表面耐蚀性得到改善。

表 6－5　原始镁合金和熔覆层的自腐蚀电位及自腐蚀电流

材料	自腐蚀电位E/mV	自腐蚀电流 I/(A/cm^2)
原始镁合金	－1586	1.60×10^{-2}
激光熔覆层	－1221	0.07×10^{-2}

熔覆层耐蚀性的提高与熔覆层中的相组成密切相关。熔覆层表面以 Al、AlN、Al_9Si 和 Mg_2Si 为主，未见 α-Mg 相，因而不同于原始镁合金，并未发生Ⅲ-Mg 相与其他相之间的微电偶腐蚀。尽管 Al 的电极电位只有－2.069eV，但 Al 易与介质中的 O 作用形成致密的起保护作用的氧化膜。此外，有文献研究证明，金属间化合物具有较好的耐蚀性，AlN、Al_9Si 和

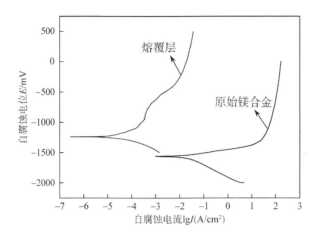

图 6—12 原始镁合金和激光熔覆层的电化学腐蚀极化曲线

Mg_2Si 等相的存在，有助于提高熔覆层的耐蚀性。耐蚀性的提高还与熔覆层的组织结构细化有关。微观组织结构的细化有助于成分、组织的均匀化，会减小电化学腐蚀时阴极和阳极的面积比例，也利于改善熔覆层的耐蚀性。

6.6 小结

本章在激光熔凝的基础上，为提高镁合金表面性能，结合液氮低温冷却，在镁合金表面激光熔覆了 Al-Si 合金和 Si_3N_4 陶瓷的复合粉末。

（1）从激光熔覆过程稳定性和宏观成型质量考察熔覆粉末成分比例，分别选取 Si_3N_4 陶瓷的含量为 1％、5％和 10％，Si_3N_4 陶瓷含量增加使熔覆层的润湿性变差，当 Si_3N_4 陶瓷的含量为 1％时，熔覆层的成型质量最好。

（2）液氮冷却的复合熔覆层从下至上枝晶尺寸逐渐减小，分布了大量的不规则颗粒。Al-Si 合金和 Si_3N_4 陶瓷及基体表层 Mg 之间在熔池扰动作用下，发生化学反应及扩散，最终形成了由 Al、AlN、Al_9Si、Mg_2Si 组成的熔覆层。

（3）熔覆层的最高硬度为 301.0HV，约是基体的 6.69 倍。

（4）熔覆层的自腐蚀电位比原始镁合金的提高了 365mV，自腐蚀电流比原始镁合金的降低了两个数量级。

第 7 章　镁合金激光表面改性机理

7.1　引言

本章以第 4～6 章试验结果为依据，结合已有研究成果，分析了镁合金激光表面改性层的凝固行为和微观组织演变机理，并从晶粒细化、位错强化和固溶强化等方面讨论其改性机制。

7.2　改性层的熔池凝固行为及微观组织演变机理

快速冷却的镁合金激光表面改性过程实质上是镁合金材料吸收激光、光能转换为热能、表层镁合金受热熔化、熔池结晶凝固顺序发生的过程。

7.2.1　熔池的凝固行为

7.2.1.1　熔池的形成及运动

当 CO_2 气体激光辐照到镁合金材料表面，部分激光被表层材料反射，部分被吸收，被吸收的激光能转化为热能，使表层镁合金受热熔化，从而形成镁合金熔池。因而在激光熔凝过程中，镁合金熔池仅由表层局部熔化的镁合金组成；而在激光熔覆过程中，熔池则由全部熔化的熔覆材料和表层局部熔化的镁合金组成。

熔池中的液态镁合金金属（或者液态熔覆金属）在各种力，包括液态金属的表面张力、液态金属的重力（液态金属的密度差）、熔池周围的气流吹力等的作用下，会发生强烈运动。这种运动表现为熔池的对流，如图 7-1 所示，在熔池的横截面上，液氮镁合金由熔池的前部向后部运动；

而在熔池的上表面，液态镁合金从熔池后部向熔池中心、前部流动。

熔池中的液态镁合金的这种运动进一步促进了熔池中的热量传输和质量传输，而且熔池的激烈运动有利于消除缺陷，如熔池中形成的气孔或带入的夹杂物的逸出，也有利于均匀化熔池中的化学成分。

在液氮冷却介质中进行的镁合金激光表面改性的镁合金熔池的又一特点是，熔池的冷却速率比在氩气中快，因而上述熔池的运动过程非常短。

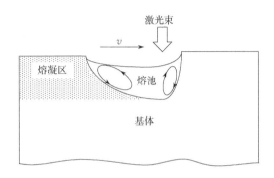

图 7-1 激光熔凝过程中镁合金熔池中的运动

7.2.1.2 熔池的凝固

尽管相对于其他的热源形式，激光的能量非常集中，但由于试验中采用的是高斯分布的激光热源，因而镁合金熔池内部的温度分布不均匀。在熔池的横截面上，中心温度最高，边缘温度最低。在熔池的纵向方向上，由于激光束的扫描移动，镁合金熔池前端的热量输入大于热量散失，镁合金基材不断被熔化；熔池后端的热量散失大于热量输入，熔化的镁合金基材逐渐凝固，如图 7-2 所示。

激光表面改性时的镁合金熔池能够凝固结晶要符合一定的热力学条件。一般地，液态金属凝固的热力学条件是液相与固相之间的自由能降低。如图 7-3 所示，结合热力学

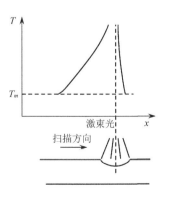

图 7-2 熔池的温度分布

原理，有

$$\Delta G_V = G_S - G_L = -\frac{\Delta H_m \Delta T}{T_m} \qquad (7-1)$$

式中，ΔH_m——熔化潜热，J/g；

ΔT——过冷度，K，$\Delta T = T_m - T$。

可见，当 $T > T_m$ 时，$\Delta G > 0$，自由能增大；当 $T = T_m$ 时，自由能 $\Delta G = 0$；当 $T < T_m$ 时，$\Delta G < 0$，自由能下降，镁合金激光熔池由液态向固态转变，逐渐凝固。因而，过冷度 ΔT 为镁合金激光熔池凝固时的驱动力，ΔT 越大，凝固越易进行。

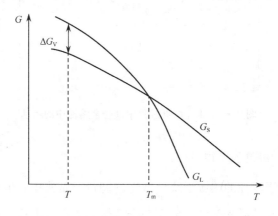

图 7-3　液态与固态自由能-温度关系

众所周知，冷却速率越快，熔体的实际结晶温度 T_m 越低，因而过冷度 ΔT 越大。在液氮环境下冷却时，镁合金熔池的冷却速率更快，过冷度 ΔT 比一般条件下的更大，因而镁合金熔池的凝固更易进行，凝固速率更快。

7.2.2　微观组织演变

7.2.2.1　形核方式

金属学结晶理论明确了金属的形核方式有两种：自发形核和非自发形核。镁合金激光表面改性时，镁合金熔池的结晶凝固过程是以非自发形核方式进行的。非自发形核时的能量为

$$E_K = \frac{16\pi\sigma^3}{3\Delta G_V^2}\left(\frac{2-3\cos\theta+\cos^3\theta}{4}\right) \qquad (7-2)$$

当镁合金激光表面熔凝时，不论是在氩气冷却条件下还是在液氮冷却条件下，熔融的镁合金熔池和未熔的镁合金基体的成分相同，随后形成的结晶凝固组织的晶体结构相同，所以此镁合金激光表面熔化时的浸润角 $\theta=0°$，如图 7—4 所示。而 $\theta=0°$ 时，$E_K=0$，意味着镁合金激光表面熔凝时，极易进行非自发形核，直接在固-液界面处的镁合金基体的晶粒表面进行形核长大。

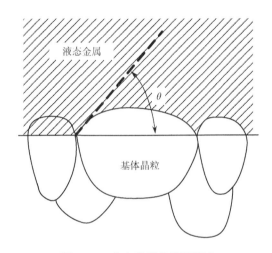

图 7—4　非自发形核的浸润角

一般地，平衡态下的镁合金熔池的形核率为

$$J_t = \Omega_i \exp\left[-\frac{16\pi\sigma^3}{3\Delta G_V^2}\left(\frac{2-3\cos\theta+\cos^3\theta}{4}\right)\Big/k_B T\right] \qquad (7-3)$$

式中，Ω_i——与形核位置密度及原子跳跃频率相关的系数；

σ——液相和固相之间的表面张力系数，N/m；

ΔG_V——单位体积内的液相和固相的自由能差，J/mol；

θ——液相和固相的浸润角；

k_B——玻耳兹曼常数，取 1.380649×10^{-23} J/K；

T——温度，K。

镁合金激光表面熔凝，特别是在液氮环境下冷却时，熔融镁合金在远离平衡态下结晶凝固，需要对平衡态下的形核率按式（7-4）进行修正：

$$J_t = J_i \left[1 + 2B \sum_{m=1}^{\infty} (-1)^m \exp\left(-\frac{m^2 t}{\tau}\right) \right] \qquad (7-4)$$

式中，t——时间，s；

B——与预置原子团簇相关的系数；

τ——滞后时间，$\tau = \dfrac{-8k_B T}{\pi^2 \beta \dfrac{\partial^2 (\Delta G)}{\partial n^2}}$ ；

β——原子向临界晶核上迁移的速率，$\beta=$原子跃迁频率×固液界面原子数；

n——晶胚内的原子总数。

相关理论研究发现，对于过冷熔体，当 $t > 5\tau$ 之后，$J_t \approx 0.99 J_i$，因而在 $t \in (0, 5\tau)$ 看作瞬态形核时间，记作 t_{tr}。在液氮环境中镁合金激光表面熔凝时，冷却速率很快，其瞬态形核时间为

$$t_{tr} = \frac{7.2 R f(\theta)}{1 - \cos\theta} \times \frac{l_a^4}{d_a^2 x_{\text{Leff}}} \times \frac{T_r}{a \Delta S_m \Delta T_r^2} \qquad (7-5)$$

式中，l_a——原子的跃迁距离，μm；

d_a——形核的固相的原子直径，μm；

T_r——曲率温度，$T_r = T/T_m$；

a——热扩散率，cm^2/s；

ΔS_m——熔化熵，J/K。

θ——非均质形核时的接触角；

$f(\theta)$——有效合金含量，%；$f(\theta) = 0.25(2 - 3\cos\theta + \cos^3\theta) x_{\text{Leff}}$ 对于 A-B 二元系统，当晶核富 A 时，$x_{\text{Leff}} = x_{L \cdot A}/x_{S \cdot A}$，当晶核富 B 时，$x_{\text{Leff}} = x_{L \cdot B}/x_{S \cdot B}$；$x_{L \cdot A}$ 和 $x_{L \cdot B}$ 分别为熔体中组元 A 和组元 B 的浓度，$x_{S \cdot A}$ 和 $x_{S \cdot B}$ 分别为形核固相中组元 A 和组元 B 的浓度。

7.2.2.2　相选择与生长竞争

由第 3～5 章的物相分析可知，镁合金激光表面改性的改性层中主要形成了 α-Mg 和 β-Mg$_{17}$Al$_{12}$ 两相，但是在液氮冷却环境中 β-Mg$_{17}$Al$_{12}$ 的含量较少。在镁合金激光熔池的凝固结晶过程中，各相的析出取决于其瞬态形核延续时间。由式（7－5）可知，瞬态形核时间延续 t_{tr} 与镁合金熔体的过冷度和液态镁合金的扩散系数相关。β-Mg$_{17}$Al$_{12}$ 的含量减少，一个很重要的原因是镁合金熔体中的 β-Mg$_{17}$Al$_{12}$ 的 t_{tr} 大于 α-Mg 的 t_{tr}，β-Mg$_{17}$Al$_{12}$ 的形核受到阻碍。

镁合金改性层中的 α-Mg 和 β-Mg$_{17}$Al$_{12}$ 所占比例的多少，除了取决于以上分析的形核动力学竞争因素外，还取决于这两种相的生长动力学。各相形核后生长时，晶端的冷却包括热过冷 ΔT_t、组分过冷 ΔT_c、曲率过冷 ΔT_r 和动力学过冷 ΔT_k。α-Mg 和 β-Mg$_{17}$Al$_{12}$ 的化学成分和含量不同、熔点不同，因而形核后两者之间存在竞争生长的现象，更高生长速率的 α-Mg 生长更快，成为镁合金激光改性层中的主要相。

7.2.2.3　晶核长大

镁合金激光表面改性时（熔凝和熔覆）形成熔池，并且在热力学和动力学生长条件下，晶核不断生长。也就是说，镁合金表面改性的熔池开始结晶时，从靠近熔合线处的未熔的镁合金基材上以联生方式长大起来，如图 7－5 所示。

观察图 7－6(a)，镁合金激光改性层在界面处结晶生长出柱状树枝晶组织，但在随后的长大过程中，改性层中的柱状晶的长大趋势不同，有的可以长大至接近改性层端部，而有的半途停止生长。除了晶粒位向的影响之外，熔池的散热方向是影响晶粒长大的关键因素之一。当在液氮环境中激光表面改性时，熔体的最快散热方向是最大温度梯度方向，当晶体在该方向生长时，最易长大；反之，当方向不一致时，晶粒的生长停止。在图 7－6(b)中还观察到了周期性凝固组织。

图 7—5 镁合金改性层的联生生长

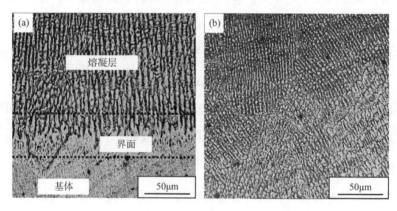

图 7—6 镁合金改性层的微观组织

（a）中下部；（b）中上部

7.2.2.4 结晶形态

由第 3～6 章分析可知，在激光作用下，镁合金熔池的结晶凝固区域呈现出不同的结晶形态，以柱状晶和等轴晶为主。特别是在激光改性层，在改性层与基体的结合界面处呈现出向上生长的柱状树枝晶状态，且越接近改性层顶部，柱状树枝晶越小，在改性层顶部区域甚至出现了细小的等轴晶组织形态。

由金属理论分析，过冷度是镁合金熔体在凝固结晶过程中的形核长大的必要因素。在液氮冷却下的镁合金激光熔池，熔体的过冷度比一般条件下的大得多，且冷却速率很快，因而其热过冷的作用也比一般条件下的重要，这里不考虑成分过冷的影响。

在液氮冷却环境中的表面改性，镁合金熔体的冷却速率比一般条件下的快，过冷度 ΔT 更大，形核和生长速率都增大，因而在该条件下改性层整体的晶粒尺寸比一般条件下的小得多。此外还观察到柱状树枝晶的二次枝晶间距也随之减小，镁合金改性层中的二次枝晶间距 d_2 为

$$d_2 = A\left(\frac{\Delta T_s}{R \times G}\right)^{\frac{1}{3}} \qquad (7-6)$$

式中，ΔT_s——非平衡凝固温度区间，K；

　　　　A——常数；

　　　　R——结晶速率，cm/s；

　　　　G——温度梯度，K/cm。

由式（7-6）可知，结晶速率 R 和温度梯度 G 越大，二次枝晶间距 d_2 越小，也就是说熔体的冷却速率越快，柱状枝晶越细。图 7-7 表示了镁合金熔体的结晶速率 R 和温度梯度 G 对改性层的组织形态的影响。

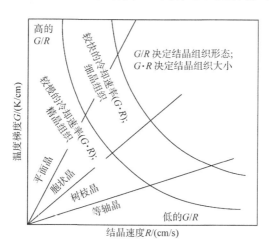

图 7-7　温度梯度 G 和结晶速率 R 对结晶组织形态和大小的影响

7.2.2.5　纳米晶化和非晶化机制

在液氮环境中的镁合金激光改性层发现了局部的纳米晶区和非晶区，如图 7－8 所示。

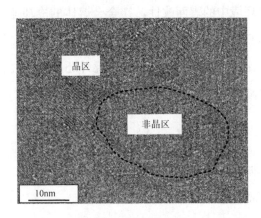

图 7－8　局部非晶区

非晶形成的条件分为内部条件和外部条件。内部条件即合金体系本身具有非晶形成能力，外部条件主要是与熔体的冷却速率有关。对于镁合金激光表面改性而言，一方面，要保证镁合金熔体的冷却速率 v 大于其临界冷却速率 R_c，这将保证非晶的形成；另一方面，要将镁合金熔体冷至其再结晶温度以下，这将使得形成的非晶能够在镁合金改性层中保存下来。临界冷却速率 R_c 是液态镁合金冷却凝固可以获得完全的非晶的最低冷却速率，见图 7－9。

本书中液氮冷却镁合金的激光表面改性，镁合金熔池的冷却速率比一般条件下大很多，因而易于得到非晶，如图 7－10 所示。也有文献指出，结合激光加工工艺与熔体导热能力用一个参数 G_c 来表示在激光作用下的熔体的临界冷却速率 R_c：

$$G_c = \frac{P \times V_c}{\lambda} \qquad\qquad (7-7)$$

式中，P——激光功率，W；

　　　V_c——激光扫描速率，mm/min；

　　　λ——材料的导热能力，W/(m・K)。

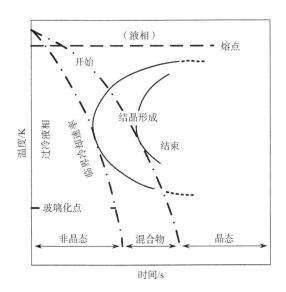

图 7—9　液态镁合金的临界冷却速率R_c与晶体形成区域的关系

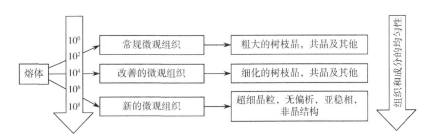

图 7—10　冷却速率和凝固组织之间的关系

式（7—7）表明，金属获得非晶的G_c值越大，该材料的非晶化能力越低，其R_c越大；反之，G_c越小，R_c也越小。由于液氮低温的影响，激光改性过程中的镁合金熔体的热传导迅速，因而其G_c小，R_c小，易形成非晶组织。

以上是动力学角度的分析，从热力学角度来看，镁合金熔体的温度必须低于其晶化温度T_g，才可能形成非晶组织。但是镁合金熔体的实际结晶温度$T_n \gg T_g$，更易形成稳定的晶体。当在液氮中冷却改性时，镁合金熔体的冷却速率很高，过冷度很大，可以在T_g附近凝固，易于非晶相的获得。此时，激光表面改性的非晶化的热力学判据是 T_g/T_n。T_g/T_n 越接近 1，相对越易于镁合金熔体的非晶化。对于镁合金的激光表面改性而言，与非晶相竞争生长的主要是共晶组织 $\alpha\text{-Mg}+\beta\text{-Mg}_{17}\text{Al}_{12}$，X 射线衍射结果表明，在液氮环境中 $\beta\text{-Mg}_{17}\text{Al}_{12}$ 的含量极少，因而共晶组织更少，非晶的竞争对象减少，利于非晶的生长。

在镁合金激光表面改性层中的非晶区并不像理想中的那么均匀，而是晶区和非晶区交替出现。激光表面改性本身就是一个急冷急热的过程，镁合金熔体的液态停留时间很短；而在液氮冷却环境中的激光表面改性受液氮极低温度的影响，镁合金熔体的冷却速率进一步加快，液相存在时间更短，成分的均匀化受限。而且，凝固结晶组织的外延联生生长方式会提高熔体的临界冷却速率 R_c，从而降低非晶形成能力。此外，一旦熔体中出现难熔质点，该质点的存在将提供该情况下的非均匀成核的相起伏条件，降低非晶的形成能力。

7.3　改性层的改性机制

7.3.1　晶粒细化

一般地，激光表面改性使得改性层的晶粒细化，可以起到细晶强化的作用。比起一般冷却环境，在液氮冷却环境下的激光表面改性，改性层的晶粒细化程度更高，细晶强化作用更显著。依据霍尔-佩奇公式可得

$$\sigma_s = \sigma_0 + Kd^{-\frac{1}{2}} \tag{7-8}$$

式中，σ_s——镁合金的屈服强度，MPa；

　　σ_0——镁合金单晶的屈服强度，MPa；

　　d——晶粒尺寸，μm；

　　K——常数，对于常规镁合金，$K=280\text{MPa}\cdot\mu\text{m}^{\frac{1}{2}}$。

将在液氮冷却环境下的改性层、在氩气冷却下的改性层和原始镁合金的平均晶粒尺寸代入式（7-8）中，可得

$$\sigma_{s液氮} - \sigma_{s氩气} = K(d_{液氮}^{-\frac{1}{2}} - d_{空气}^{-\frac{1}{2}}) = 38.78(\text{MPa})$$

$$\sigma_{s液氮} - \sigma_{s原始} = K(d_{液氮}^{-\frac{1}{2}} - d_{原始}^{-\frac{1}{2}}) = 87.44(\text{MPa})$$

金属材料的显微硬度和屈服强度的关系如下：

$$\sigma_s \approx \frac{1}{3}\text{HV} \qquad\qquad (7-9)$$

将在液氮环境下的改性层、在氩气冷却下的改性层和原始镁合金的显微硬度 HV 代入式（7-9）中，可得

$$\sigma_{s液氮} - \sigma_{s氩气} = \frac{1}{3}(\text{HV}_{液氮} - \text{HV}_{氩气}) = 24.07(\text{MPa})$$

$$\sigma_{s液氮} - \sigma_{s原始} = \frac{1}{3}(\text{HV}_{液氮} - \text{HV}_{原始}) = 35.10(\text{MPa})$$

以上分析都证实了晶粒细化导致的显微硬度变化和屈服强度的变化趋势一致，因而晶粒细化是镁合金激光表面处理改善性能的重要因素。

7.3.2　位错运动

晶体材料内部形成位错的最主要原因之一是应力造成的塑性变形，该应力主要来源于晶体材料加热冷却过程中的不均匀温度变化造成的热应力以及晶体材料受到的机械约束应力等。

液氮冷却获得的镁合金激光表面改性层中发现了较多的位错，如图 5-10 所示。以下主要分析由于不均匀的热应力引起的位错。镁合金激光改性层在加热和冷却过程中都存在不均匀的温度场。在冷却过程中，由于液氮温度（-196℃）远低于氩气温度（20℃），镁合金熔池的底部首先降温，这部分的晶体开始收缩，但受到其余部分晶体的约束产生拉应力，其余部分受到压应力，从而在改性层底部变形形成位错。冷却继续进行，中上部的晶粒降温冷却收缩产生拉应力，形成新的位错，如图 7-11 所示。

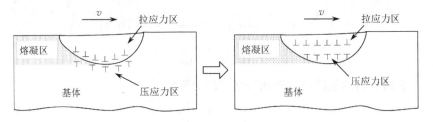

图 7-11　激光熔凝热应力及位错形成过程

液氮冷却的改性层的晶粒比原始镁合金甚至比氩气冷却的改性层都极大地细化，改性层中的晶粒数增多。当改性层中由于热应力作用产生的位错运动时，大量的晶界成为位错运动的障碍，使位错塞积在晶界处，表现为晶界处的位错密度增大。

材料的强度与位错密度的关系为

$$\sigma = \mu \boldsymbol{b} \rho^{1/2} \tag{7-10}$$

式中，$\boldsymbol{b}$——位错柏氏矢量；

　　μ——泊松比；

　　ρ——位错密度，$1/\mathrm{cm}^2$。

可见，位错密度 ρ 越大，材料的强度 σ 越高。在液氮环境中进行的镁合金激光表面改性明显细化了改性层的晶粒，提高了改性层的位错密度，位错强化作用显著加强。

7.3.3　固溶强化

在液氮冷却环境中的镁合金激光表面改性过程是个远离平衡态的凝固结晶过程，根据非平衡凝固的固-液界面动力学模型，当凝固速率 R 满足如下条件时，可以达到无成分偏析：

$$R \geqslant \frac{D_L}{\alpha} \tag{7-11}$$

式中，R——熔体的凝固速率，$\mathrm{cm/s}$；

　　D_L——原子扩散系数，cm^2/s；

　　α——平均原子距离，$\mathrm{\mathring{A}}$（$1\mathrm{\mathring{A}} = 0.1\mathrm{nm}$）。

在熔体的结晶凝固过程中，固-液界面不断推移，移动方式有台阶长大方式和连续长大方式，在这两种方式下，溶质的分配系数 k_n 分别为

$$k_{n_1} = k + (1-k) \exp\left(-\frac{1}{\beta}\right) \qquad (7-12)$$

$$k_{n_2} = \frac{k+\beta}{\beta+1} \qquad (7-13)$$

式中，k——常规平衡凝固时的溶质分配系数；

β——原子向临界晶核上迁移的速率，$\beta = \dfrac{R\alpha}{D_i}$，$D_i \approx D_L$。

从式（7-12）和式（7-13）中可以看出，不论固-液界面以何种方式移动，合金熔体凝固过程中的溶质分配系数是与凝固速率 R 相关变化的，分以下两种情况讨论：

（1）当 $R \ll \dfrac{D_L}{\alpha}$ 时，$\beta \to 0$，$k_n \approx k$。

（2）当 $R \gg \dfrac{D_L}{\alpha}$ 时，$\beta \to +\infty$，$k_n \approx 1$，在快速凝固时溶质原子被完全捕获，抑制了溶质原子的扩散。

当镁合金激光表面改性时，溶质原子（Al）的扩散系数 D_L 可用式（7-14）估算：

$$D_L = D_0 \exp\left(-\frac{Q}{KT}\right) \qquad (7-14)$$

式（7-14）中，取溶质原子 Al 在 α-Mg 中的扩散因子 $D_0 = 1.2 \times 10^{-3}$ m^2/s，扩散激活能 $Q = 1.44 \times 10^5$ J/mol，常数 $K = 8.314$ J/(mol·K)，Mg 原子直径 $\alpha = 3.2 \times 10^{-10}$ m，溶质原子 Al 在 Mg 中的扩散系数 $D_L = 2.25$ cm^2/s，结合式（7-11），则从镁合金熔点 923K 冷却至室温 293K 时，激光表面改性的冷却速率可达 10^7 K/s，镁合金熔体的凝固速率 $R = 160$ cm/s $\gg 2.25$ cm/s，所以此时绝大部分区域的镁合金改性层无成分偏析。

本书第 3～5 章讲述在液氮环境下的镁合金激光表面改性，由于镁合金熔体的冷却速率提高，改性层中的 β-$Mg_{17}Al_{12}$ 含量极大减少，XRD 图中

β-Mg$_{17}$Al$_{12}$ 的衍射峰极其微弱。该现象可以用以上理论解释，在镁合金熔体快速冷却凝固过程中，溶质原子的扩散被抑制，甚至"湮没"；已有研究证明在这种条件下原子半径在±15％范围内的合金元素将极大量地固溶于 α-Mg 基体中。

以上分析及试验现象证实了在液氮冷却环境中的激光表面改性，溶质元素（主要是 Al 元素）的固溶度大幅增加。固溶度的增加对于镁合金激光改性层将起到固溶强化作用，用式（7－15）分析：

$$\sigma = \frac{F^{\frac{3}{2}}}{b^3}\left(\frac{c}{G}\right)^{\frac{1}{2}} \tag{7－15}$$

式中，c——溶质的浓度，g/cm^3；

G——溶质原子的弹性模量，MPa；

F——位错摆脱溶质原子的钉扎作用所需的临界力，N；

b——溶质层的厚度，μm。

可见，当合金材料的 G、F 和 b 不变时，固溶强化效果随着溶质原子浓度的提高而增强。因而与常规冷却环境相比，液氮冷却环境下获得的镁合金改性层，固溶体 α-Mg 中的溶质原子（Al）的浓度提高了，改性层的强度随之提高了，改性层的固溶强化效果更加显著。同时，β-Mg$_{17}$Al$_{12}$ 是种硬脆相，Al 元素固溶度的提高、β-Mg$_{17}$Al$_{12}$ 含量的减少、改性层的成分和组织的更加均匀化，也改善了镁合金改性层的塑韧性。

7.4 小结

本章主要讨论分析了镁合金激光表面改性的凝固结晶行为及组织演变机理，并探讨了改性层的改性机制，结论如下：

（1）在表面张力、重力梯度、气流吹力和蒸气反冲力的综合作用下，镁合金激光熔池的横截面上液态镁合金由熔池前部向后部运动，上表面由熔池后部向前部、中心流动；熔池后端的热量散失大于热量输入，在热过冷作用下，镁合金熔池逐渐凝固。

（2）镁合金熔池开始凝固即进行非自发形核结晶长大，考虑到液氮中镁合金熔池的极快速冷却，对平衡态下的形核率进行修正。在镁合金激光熔池的结晶凝固过程中，各相的析出取决于其瞬态形核延续时间。由于 $\beta\text{-}Mg_{17}Al_{12}$ 的 t_{tr} 大于 $\alpha\text{-}Mg$ 的 t_{tr}，$\beta\text{-}Mg_{17}Al_{12}$ 的形核受到阻碍。

（3）镁合金激光改性层在界面处结晶生长出柱状树枝晶组织，在随后的长大过程中，改性层中的柱状晶的长大趋势不同，有的可以长大至接近改性层端部，而有的半途停止生长。整体上，改性层底部至上部，晶粒尺寸逐渐减小。在热力学和动力学综合竞争因素下，改性层的局部区域出现纳米晶和非晶的混合结构。

（4）晶粒细化导致的显微硬度变化和屈服强度的变化趋势一致，晶粒细化是镁合金激光表面处理改善性能的重要因素。

（5）镁合金材料在激光加热及冷却过程（氩气冷却、液氮冷却等）中的不均匀温度变化造成了热应力，加上镁合金试件受到的机械约束应力等，改性层的位错密度极大提高，导致了镁合金表面显微硬度和耐磨损性能的提高。

（6）在液氮环境中镁合金的冷却速率提高，结合非平衡固-液界面动力学模型，镁合金熔池中的其他合金元素的扩散被抑制，大量地固溶于 $\alpha\text{-}Mg$ 中，也对镁合金表面性能的改善起到重要作用。

参考文献

[1] 丁文江. 镁合金科学与技术[M]. 北京：科学出版社，2007.

[2] AGHION E，ARNON M. Mechanical Properties and environmental behavior of a magnesium alloy with a nano−/sub−micron structure[J]. Advanced Engineering Materials，2009，9(9)：747−750.

[3] 中研网. 2020 年镁合金行业发展现状及市场规模分析[EB/OL]. [2020−06−28]. http://www. chinairn. com/hyzx/20200619/160018134. shtml.

[4] CZERWINSKI F. Controlling the ignition and flammability of magnesium for aerospace applications[J]. Corrosion Science，2014 (86)：1−16.

[5] 李达. 镁合金激光合金化与激光熔覆的研究[D]. 北京：北京工业大学，2008.

[6] YANG Z，LI J P，ZHANG J X, et al. Review on research and development of magnesium alloys[J]. Acta Metallurgica Sinica，2008，21(5)：313−328.

[7] ALAM M E，HAN S，NGUYEN Q B, et al. Development of new magnesium based alloys and their nanocomposites [J]. Journal of Alloys and Compounds，2011，509 (34)：8522−8529.

[8] PEKGULERYUZ M O，KAINER K U，KAYA A A. Fundamentals of Magnesium Alloy Metallurgy [M]. New Delhi：Woodhead Publishing，2013.

[9] KOJIMA Y. Project of platform science and technology for advanced magnesium alloys[J]. Materials Transactions，2001，42(7)：1154−1159.

[10] 陈先华，肖瑞，丁雪征，等. AZ 系镁合金研究现状[J]. 材料热处理技术，2012，41 (4)：14−18.

[11] JAYAMATHYA M，KAILASA S V，KUMARA K, et al. The compressive deformation and impact response of a magnesium alloy：influence of reinforcement[J]. Materials

Science and Engineering A, 2005 (393): 27—35.

[12] JIANG Q C, WANG H Y, MA B X, et al. Fabrication of B₄C participate reinforced magnesium matrix composite by powder metalllurgly[J]. Alloys and Compounds, 2005,386(1—2): 177—181.

[13] WANG H Y, JIANG Q C, ZHAO Y Q, et al. Insitu synthesis of TiB₂/Mg composite by self—propagating high—temperature synthesis reaction of the A—Ti—B system in molten magnesium[J]. Alloys and Compounds, 2004, 379(1—2): 14—17.

[14] 刘妍,杨富巍,张昭,等. 镁合金表面处理技术的研究进展[J]. 腐蚀科学与防护技术, 2013, 25(6): 518—524.

[15] TALTAVULL C, TORRES B, LÓPEZ A J, et al. Novel laser surface treatments on AZ91 magnesium alloy[J]. Surface and Coating Technology, 2013, 222: 118—127.

[16] CHENG Y L, WU H L, CHEN Z H, et al. Corrosion properties of AZ31 magnesium alloy and protective effects of chemical conversion layers and anodized coatings[J]. Transactions of Nonferrous Metals Society of China, 2007, 17(3): 502—508.

[17] 钟丽应,曹发和,施彦彦,等. AZ91镁合金表面铈基稀土转化膜的制备及腐蚀电化学行为[J]. 金属学报, 2008, 44(8): 979—985.

[18] LIU F, LI Y J, GU J J, et al. Preparation and performance of coating on rare—earth compounds immersed magnesium alloy by micro—arc oxidation[J]. Transaction of Nonferrous Metals Society of China, 2012, 22(7): 1647—1654.

[19] YUN—LL C, SALAH S, KENSUKE K, et al. Synergistic corrosion protection for AZ31 Mg alloy by anodizing and stannate post—sealing treatments[J]. Electrochimica Acta,2013, 97: 313—319.

[20] 刘晓兰,陈杰,曹靖涛,等. 载波钝化对AZ91D镁合金锡酸盐化学转化膜耐蚀性能的影响[J]. 中国腐蚀与防护学报, 2010, 30(5): 341—346.

[21] LEE Y L, CHU Y R, LI W C, et al. Effect of permanganate concentration on the formation and properties of phosphate/permanganate conversion coating on AZ31 magnesium alloy[J]. Corrosion Science, 2013 (70): 74—81.

[22] MOSIALEK M, MORDARSKI G, NOWAK P, et al. Phosphate — permanganate conversion coating on the AZ81 magnesium alloy: SEM, EIS and XPS studies[J].

Surface and Coatings Technology, 2011 (206): 51—62.

[23] GUPTA R K, MENSAH—DARKWA K, KUMAR D. Effect of post heat treatment on corrosion resistance of phytic acid conversion coated magnesium[J]. Journal of Materials Science and Technology, 2013, 29(2): 180—186.

[24] 钱燕飞. AZ91D 镁合金表面单宁酸转化膜耐腐蚀性研究[D]. 吉林：吉林大学, 2007.

[25] ISHIZAKI T, MASUDA Y, TESHIMA K. Composite film formed on magnesium alloy AZ31 by chemical conversion form[J]. Surface and Coatings Technology, 2013 (217):76—83.

[26] JIN H L, YANG X J, WANG M. Chemical conversion coating on AZ31B magnesium alloy and its corrosion tendency[J]. Acta Metallugica Sinica, 2009, 22(1): 65—70.

[27] WU L P, ZHAO J J, XIE Y P, et al. Progress of electroplating and electroless plating on magnesium alloy[J]. Transactions of Nonferrous Metals Society of China, 2010 (20):630—637.

[28] ZHAO M, WU S S, LUO J R, et al. A chromium— free conversion coating of magnesium alloy by a phosphate — pemanganate solution[J]. Surface and Coating Technology, 2006(200): 5407—5412.

[29] CONCEICAO T F, SCHARNAGL N, BLAWERT C, et al. Surface modification of magnesium alloy AZ31 by hydrofluoric acid treatment and its effect on the corrosion behavior[J]. Thin Solid Films, 2010, 518(18): 5209—5218.

[30] KOUISNI L, AZZI M, ZERTOUBI M. Phosphate coatings on magnesium alloy AM60 part 1: study of the formation and the growth of zinc phosphate films[J]. Surface and Coating Technology, 2004 (185): 58—63.

[31] CHRISTOGLOU C, VOUDOURIS N, ANGELOPOULOS G N, et al. Deposition of aluminium on magnesium by a CVD process[J]. Surface and Coatings Technology, 2004(184): 149—155.

[32] FRACASSI F, AGOSTINO R D, PALUMBO F, et al. Application of plasma deposited org anosilicon thin films for the corrosion protection of metals[J]. Surface and Coatings Technology, 2003 (174—175): 107—111.

［33］LI M, CHENG Y, ZHENG Y F, et al. Surface characteristics and corrosion behavior of WE43 magnesium alloy coated by SiC film[J]. Applied Surface Science, 2012 (258):3074—3081.

［34］ISHIZAKI T, HIEDA J, SAITO N, et al. Corrosion resistance and chemical stability of super—hydrophobic film deposited on magnesium alloy AZ31 by microwave plasma—enhanced chemical vapor deposition[J]. Eletrochimica Acta, 2010, 55 (23):7094—7101.

［35］MATSUMOTO I, AKIYAMA T, NAKAMURA Y, et al. Controlled shape of magnesium hydride synthesized by chemical vapor deposition[J]. Journal of Alloys and Compounds,2010 (507): 502—507.

［36］NIWA N, YUMOTO A, YAMAMOTO T, et al. Coating with supersonic free — jet PVD[J]. Materials Science Forum, 2007 (561—565): 981—984.

［37］WU G S, WANG A Y, DING K J, et al. Fabrication of Cr coating on AZ31 magnesium alloy by magnetron sputtering[J]. Transactions of Nonferrous Metals Society of China,2008 (18): 329—333.

［38］ALTUN H, SEN S. The effect of PVD coatings on wear behaviour of magnesium alloys[J]. Materials Character, 2007 (58): 917—921.

［39］HOCHE H, BLAWERT C, BROSZEIT E, et al. Galvanic corrosion properties of differently PVD—treated magnesium die cast alloy AZ91[J]. Surface and Coatings Technology, 2005 (193): 223—229.

［40］Wang H Y, Jiang Q L, Li X L, et al. Effect of Al content on the self—propagatin high—temperature synthesis reaction of Al—Ti—C system in molten magnesium[J]. Journal of Alloys and Compounds, 2004 (336): L9—L12.

［41］THIRUMALAIKUMARASAMY D, SHANMUGAM K, BALASUBRAMANIAN V. Establishing empirical relationships to predict porosity level and corrosion rate of atmospheric plasma — sprayed alumina coatings on AZ31B magnesium alloy[J]. Journal of Magneisum and Alloys, 2014, 2(2): 140—153.

［42］CHIU L H, CHEN C C, YANG C F. Improvement of corrosion properties in aluminum — sprayed AZ31magnesium alloy by a post — hot pressing and anodizing treatment[J]. Surface and Coatings Technology, 2005 (191): 181—187.

[43] 叶宏, 孙智富, 吴超云. 镁合金表面热喷涂 Al—Al$_2$O$_3$/TiO$_2$ 梯度涂层研究[J]. 武汉理工大学学报, 2006, 28(7): 9—11.

[44] MA H M, CAO X Q. Synthesis and characterization of in situ TiC—TiB2 composite coatings by reactive plasma spraying on a magnesium alloy[J]. Applied Surface Science,2013 (264): 879—885.

[45] ARRABAL R, PARDO A, MERINO M C, et al. Corrosion of magnesium — aluminum alloys with Al—11Si/SiC thermal spray composite coatings in chloride solution[J]. Journal of Thermal Spray Technology, 2011 (20): 569—579.

[46] 张忠明, 冯亚如, 徐春杰. 等离子喷涂 Al$_{65}$Cu$_{23}$Fe$_{23}$ 涂层的组织与性能研究[J]. 兵器材料科学与工程, 2008, 31(1): 23—26.

[47] POKHMURSKA H, WIELAGE B, LAMPKE T, et al. Post—treatment of thermal spray coatings on magnesium[J]. Surface and Coatings Technology, 2008 (202): 4515—4524.

[48] LIU L M, CHEN M H. Interactions between laser and arc plasma during laser—arc hybrid welding of magnesium alloy[J]. Optics and Lasers in Engineering, 2011, 49 (9—10):1224—1231.

[49] PARCO M, ZHAO L D, ZWICK J, et al. Investigation of HVOF spraying on magnesium alloys[J]. Surface and Coatings Technology, 2006 (201): 3269—3274.

[50] LUGSCHEIDER E, PARCO M, KAINER K U, et al. Thermal spraying of magnesium alloys for corrosion and wear protection[C]. Proc of the 6th international conference magnesium alloys and their applications, Wolfsburg, Germany, 2003: 860—868.

[51] SINGH A, HARIMKAR S P. Laser surface engineering of magnesium alloys: A review[J]. Journal of Metals, 2012, 64(6): 716—733.

[52] SAMANT A N, DAHOTRE N B. Physical effects of multipass two—dimensional laser machining of structural ceramics[J]. Advanced Engineering Materials, 2009, 11(7):579—585.

[53] 李月珠. 快速凝固技术和材料[M]. 北京: 国防工业出版社, 1993.

［54］JONES H. A perspective on the development of rapid solidification and nonequilibrium processing and its future［J］. Materials Science and Engineering A，2001（304－306）：11－19.

［55］陈光，傅恒志. 非平衡凝固新型金属材料［M］. 北京：科学出版社，2004.

［56］OKZMOTO H. Phase diagrams for binary alloys［M］. Ohio：ASM International Metal Park，2000.

［57］王自东. 非平衡凝固理论与技术［M］. 北京：机械工业出版社，2011.

［58］KAINER K U. Magnesium alloys and technology［M］. Weinheim：GKSS Research Center Geesthacht Gmb，2003.

［59］余琨，黎文献，王日初，等. 快速凝固镁合金开发原理及研究进展［J］. 中国有色金属学报，2007，17(7)：1025－1033.

［60］KAWAMARA Y，HAYASHI K，INOUE A. Rapidly solidified powder metallurgy Mg97Zn1Y2 alloys with excellent tensile yield strength above 600MPa［J］. Materials Transaction，2001，42(7)：1172－1176

［61］YOU B S，YIM C D，KIM S H. Solidification of AZ31 magnesium alloy plate in a horizontal continuous casting process［J］. Materials Science and Engineering A，2005(413－414)：139－143.

［62］MAENG D Y，LEE J H，HONG S I. The effect of transition elements on the superplastic behavior of Al－Mg alloys［J］. Materials Science and Engineering A，2003，357(1－2)：188－195.

［63］SRIVATSAN T S，VASUDEVAN S，PETRAROLI M. The tensile deformation and fracture behavior of a magnesium alloy［J］. Journal of Alloys and Compounds，2008,461(1－2)：154－159.

［64］SRIVATSAN T S，VASUDEVAN S，PETRAROLI M. An investigation of the quasi－static fracture behavior of a rapidly solidified magnesium alloy［J］. Journal of Alloys and Compounds，2008，460(1－2)：386－391.

［65］丁培道，蒋斌，杨春楣，等. 薄带连铸技术的发展现状与思考［J］. 中国有色金属学报，2004，14(S1)：192－196.

［66］DING P D，PAN F S，JIANG B，et al. Twin－roll strip casting of magnesium al-

loys in China[J]. Transactions of Nonferrous Metals Society of China, 2008, 18:
S7—S11.

[67] CAI J, MA G C, LIU Z, et al. Influence of rapid solidification on the microstructure of
AZ91HP alloy[J]. Journal of Alloys and Compounds, 2006, 422(1—2): 92—96.

[68] CAI J, MA G C, LIU Z, et al. Influence of rapid solidification on the mechanical
properties of Mg—Zn—Ce—Ag magnesium alloy[J]. Materials Science and Engi-
neering A,2007, 456(1—2): 364—367.

[69] 徐锦锋，翟秋亚，袁森. AZ91D 镁合金的快速凝固特征[J]. 中国有色金属学报，
2004,14(6): 939—944.

[70] XU J F, ZHAI Q Y, YUAN S. Energy—storage welding connection characteristics
of rapid solidification AZ91D Mg alloy ribbons[J]. Journal of Materials Science and
Technology,2004, 20(4): 431— 434.

[71] 腾海涛. 亚快速凝固条件下镁合金的凝固行为及其应用研究[D]. 大连：大连理工
大学，2009.

[72] TENG H T, LI T J, ZHANG X L, et al. Mold—filling characteristics and solidifi-
cation behavior of magnesium alloy in vacuum suction casting process[J]. Journal of
Materials Science, 2009, 44(20): 5644—5653.

[73] ZHU S Q, YAN H G, CHEN J H, et al. Feasibility of high strain—rate rolling of
a magnesium alloy across a wide temperature range[J]. Scripta Materialia, 2012, 67
(4):404—407.

[74] DAHOTRE N B. Lasers in surface engineering[M]. OH: Materials Park, 1998.

[75] DUTTA M J, REAMESH C B, GALUN R, et al. Laser composite surfacing of a
magnesium alloy with silicon carbide[J]. Composite Science and Technology, 2003,
63(6): 771—778.

[76] GUAN Y C, ZHOU W, ZHENG H Y, et al. Solidification microstructure of
AZ91D Mg alloy after laser surface melting[J]. Applied Physics A, 2010 (101):
339—344.

[77] GUAN Y C, ZHOU W, ZHENG H Y. Effect of laser surface melting on corrosion
behavior of AZ91D Mg alloy in simulated—modified body fluid[J]. Journal of Ap-

plied Electrochem，2009（39）：1457—1464.

[78] MONDAL A K, KUMAR S, BLAWERT C, et al. Effect of laser surface treatment on corrosion and wear resistance of ACM720 Mg alloy[J]. Surface and Coatings Technology，2008（202）：3187—3198.

[79] IGNAT S, SALLAMAND P, GREVEY D, et al. Magnesium alloys（WE43 and ZE41）characterization for laser applications[J]. Applied Surface Science，2004（233）：382—391.

[80] BANERJEE P C, SINGH—RAMAN R K, DURANDET Y, et al. Electrochemical investigation of the influence of laser surface melting on the microstructure and corrosion behavior of ZE41 magnesium alloy — An EIS based study[J]. Corrosion Science，2011（53）：1505—1514.

[81] GUAN Y C, ZHOU W, LI Z L, et al. Influence of overlapping tracks on microstructure evolution and corrosion behavior in laser—melt magnesium alloy[J]. Materials and Design，2013（52）：452—458.

[82] ZHANG Y K, CHEN J F, LEI W N, et al. Effect of lase surface melting on friction and wear behavior of AM50 magnesium alloy[J]. Surface and Coatings Technology，2008,202(14)：3175—3179.

[83] 王向杰，游国强，杨智，等. AZ91D压铸镁合金激光局部重熔区气孔的形成机制[J].稀有金属材料与工程，2012,41(12)：2144—2148.

[84] 查吉利，龙思远，吴星宇，等. 压铸AZ91D镁合金激光重熔区氢气孔的形成机制[J].材料工程，2013（6）：29—34.

[85] MAJUMDAR J D, GALUN R, MORDIKE B L, et al. Effect of laser surface melting on corrosion and wear resistance of a commercial magnesium alloy[J]. Materials Science and Engineering A，2003（361）：119—129.

[86] LV X X, LIU H Y, WANG Y B, et al. Microstructure and dry sliding wear behavior of Mg—Y—Zn alloy modified by laser surface melting[J]. Journal of Materials Engineering and Performance，2011（20）：1015—1022.

[87] TALTAVULL C, LÓPEZ A J, TORRES B, et al. Dry sliding wear behavior of laser surface melting treated AM60B magnesium alloy[J]. Surface and Coatings Technology,2013（236）：368—379.

[88] TALTAVULL C, LÓPEZ A J, TORRES B, et al. Fracture behavior of a magnesi-um —aluminium alloy treated by selective laser surface melting treatment[J]. Ma-terials and Design, 2014 (55): 361—365.

[89] SANTHANAKRISHNAN S, KUMAR N, DENDGE N, et al. Macro— and micro-structural studies of laser — processed WE43 (Mg—Y—Nd) Magnesium alloy[J]. Metallurgical and Materials Transactions B, 2013 (44): 1190—1200.

[90] ABBAS G, LI L, GHAZANFAR U, et al. Effect of high power diode laser surface melting on wear resistance of magnesium alloys[J]. Wear, 2006 (260): 175—180.

[91] COY A E, VIEJO F, GARCIA—GARCIA F J, et al. Effect of excimer laser sur-face melting on the microstructure and corrosion performance of the die cast AZ91D magnesium alloy[J]. Corrosion Science, 2010 (52): 387—397.

[92] DUBE D, FISET M, COUTURE A, et al. Characterization and performance of laser mel-ted AZ91D and AM60B[J]. Materials Science and Engineering, 2001, 299(1—2):38—45.

[93] ABBAS G, LI L, SKELDON P. Corrosion behaviour of laser melted magnesium alloys[J]. Applied Surface Science, 2005 (247): 347—353.

[94] LIU S Y, HU J D, YANG Y, et al. Microstructure analysis of magnesium alloy melted by laser irradiation[J]. Applied Surface Science, 2005, 252(5): 1723—1731.

[95] GUO L F, YUE T M, MAN H C. Excimer laser surface treatment of magnesium alloy WE43 for corrosion resistance improvement[J]. Journal of Materials Science, 2005 (40):3531—3533.

[96] GAO Y L, WANG C S, YAO M, et al. Corrosion behavior of laser melted AZ91HP magnesium alloy[J]. Materials and Corrosion, 2007 (58): 463—466.

[97] SEXTON L. Laser cladding: reparing and manufacturing metal parts and tools[C]. Pro-ceedings of SPIE the International Society for Optical Engineering, 2003 (4876):462—469.

[98] DAVIM J P, OLIVEIRA C, CARDOSO A. Predicting the geometric form of clad in laser cladding by powder using multiple regression analysis(MRA)[J]. Materials and Design,2008 (29): 554—557.

[99] ZHANG J B, JI G S, FAN D, et al. Laser surface modification of AZ91D magnesi-um alloy with Si powder[J]. Transactions of Materials and Heat Treatment, 2010,

31(9):107—110.

[100] 孙荣禄，牛伟，雷贻文. 镁合金表面激光熔覆 Al-Si 合金涂层的组织和耐磨性[J]. 材料热处理学报，2012，33(11)：143—147.

[101] VOLOVITCH P，MASSE J E，FABRE A，et al. Microstructure and corrosion resistance of magnesium alloy ZE41 with laser surface cladding by Al-Si powder[J]. Surface and Coatings Technology，2008 (202)：4901—4914.

[102] ZHENG B J，CHEN X M，LIAN J S. Microstructure and wear property of laser cladding Al plus SiC powders on AZ91D magnesium alloy[J]. Optics and Lasers in Engineering，2010 (48)：526—532.

[103] 黄伟容，肖泽辉. AZ91D 镁合金表面激光熔覆 Ni 基＋WC 合金涂层[J]. 中国激光，2009，36(12)：3267—3271.

[104] 崔泽琴，吴宏亮，王文先，等. AZ31B 镁合金表面激光熔覆 Cu—Ni 合金层[J]. 中国有色金属学报，2010，20(9)：1665—1670.

[105] WANG C S，LI T，YAO B，et al. Laser cladding of eutectic-based Ti-Ni-Al alloy coating on magnesium surface[J]. Surface and Coatings Technology，2010 (205)：189—194.

[106] DUTTA J M，CHANDRA B R，MORDIKE B L，et al. Laser surface engineering of a magnesium alloy with Al＋Al$_2$O$_3$[J]. Surface and Coatings Technology，2004 (179):297—305.

[107] HAZRA M，MONDAL A K，KUMAR S，et al. Laser surface cladding of MRI 153M magnesium alloy with Al＋Al$_2$O$_3$[J]. Surface and Coatings Technology，2009 (203):2292—2299.

[108] YUE T M，XIE H，LIN X，et al. Solidification behavior in laser cladding of AlCoCuFeNi high-entropy alloy on magnesium substrates[J]. Journal of Alloys and Compounds，2014 (587)：588—593.

[109] QIAN J G，ZHANG J X，LI S Q，et al. Study on laser cladding NiAl/Al$_2$O$_3$ coating on magnesium alloy[J]. Rare Metal Materials and Engineering，2013，42(3)：466—469.

[110] 钱建刚，栾海静，张家祥，等. 镁合金表面激光等离子复合喷涂 NiAl/Al$_2$O$_3$ 涂层

的研究[J]. 稀有金属材料与工程, 2013, 2(S2): 496—499.

[111] XU Y, LI S. Corrosion resistance of AZ91D magnesium alloy modified by rare earths laser surface treatment[J]. Journal of Rare Earths, 2007 (25): 201—203.

[112] YAO J, SUN G P, YANG H Y, et al. Laser (Nd:YAG)cladding of AZ91D magnesium alloys with $Al+Si+Al_2O_3$[J]. Journal of Alloys and Compounds, 2006 (407): 201—207.

[113] LIU Y H, GUO Z X, YANG Y, et al. Laser (a pulsed Nd:YAG)cladding of AZ91D magnesium alloy with Al and Al_2O_3 powders[J]. Applied Surface Science, 2006 (253):1722—1728.

[114] GAO Y L, WANG C S, PANG H J, et al. Broad—beam laser cladding of Al-Cu alloy coating on AZ91HP magnesium alloy[J]. Applied Surface Science, 2007 (253):4917—4922.

[115] YUE T M, SU Y P, YANG H O. Laser cladding of $Zr_{65}Al_{7.5}Ni_{10}Cu_{17.5}$ amorphous alloy on magnesium[J]. Materials Letter, 2007 (61): 209—212.

[116] YUE T M, SU Y P. Laser multi-layer cladding of $Zr_{65}Al_{7.5}Ni_{10}Cu_{17.5}$ amorphous alloy on magnesium substrates[J]. Journal of Materials Science, 2007(42): 6153—6160.

[117] YUE T M, SU Y P. Laser cladding of SiC reinforced $Zr_{65}Al_{7.5}Ni_{10}Cu_{17.5}$ amorphous coating on magnesium substrate[J]. Applied Surface Science, 2008 (255): 1692—1698.

[118] YUE T M, LI T. Laser cladding of Ni/Cu/Al functionally graded coating on magnesium substrate[J]. Surface and Coatings Technology, 2008 (202): 3043—3049.

[119] GAO Y L, WANG C S, YAO M, et al. The resistance to wear and corrosion of laser cladding Al_2O_3 ceramic coating on Mg alloy[J]. Applied Surface Science, 2007 (253):5306—5311.

[120] 王存山, 高亚丽, 姚曼. 镁合金 AZ91HP 表面激光重熔 Al_2O_3 涂层的组织与性能[J]. 金属学报, 2007, 43(5): 493—497.

[121] 刘红宾, 王存山, 高亚丽, 等. 镁合金表面激光熔覆 Cu-Zr-Al 非晶复合涂层[J]. 中国激光, 2006, 33(5): 709—713.

[122] WANG C S, CHEN Y Z, LI T, et al. Composition design and laser cladding of Ni-Zr-Al alloy coating on the magnesium surface[J]. Applied Surface Science, 2009 (256):

1609—1613.

［123］MEI Z, GUO L F, YUE T M. The effect of laser cladding on the corrosion resistance of magnesium ZK60/SiC composite[J]. Journal of Materials Processing Technology, 2005(161): 462—466.

［124］曹亚男, 张艳梅, 揭晓华, 等. 镁合金表面激光熔覆的研究现状[J]. 材料导报 A, 2011, 25(5): 99—102.

［125］WANG A H, XIA H B, WANG W Y, et al. YAG laser cladding of homogenous coating onto magnesium alloy [J]. Materials Letters, 2006, 60(6): 850—853.

［126］CHEN C J, WANG M C, WANG D S, et al. Laser cladding of Al+Ir powders on ZM5 magnesium base alloy[J]. Rare Metals, 2007, 26(5): 420—425.

［127］IGNAT S, SALLAMAND P, GREVEY D, et al. Magnesum alloys laser (Nd: YAG)cladding and alloying with wide injection of aluminium powder[J]. Applied Surface Science, 2004 (225): 124—134.

［128］李达, 钱鸣, 金昌, 等. AZ91D 镁合金 Al-Si 粉末激光合金化及腐蚀性能[J]. 中国激光, 2008, 35(9): 1395—1400.

［129］MAJUMDAR D J, MANNA I. Mechanical properties of a laser surface alloyed magnesium based alloy (AZ91D)with nickel[J]. Scripta Materialia, 2010, 62(8): 579—581.

［130］MURAYAMA K, SUZUKI A, TAKAGI T, et al. Surface modification of magnesium alloys by laser alloying using Si powder[J]. Materials Science Forum, 2003 (419—422):969—974.

［131］李兴成, 张永康, 卢雅琳, 等. 激光冲击 AZ31 镁合金抗腐蚀性能研究[J]. 中国激光, 2014, 41(4): 1—6.

［132］ZHANG Y K, YOU J, LU J Z, et al. Effect of laser shock processing on stress corrosion cracking susceptibility of AZ31B magnesium alloy[J]. Surface and Coatings Technology, 2010 (204): 2947—3953.

［133］SEALY M P, GUO Y B. Surface integrity and process mechanics of laser shock peening of novel biodegradable magnesium-cacium (Mg-Ca)alloy[J]. Journal of the Mechanical Behavior of Biomedical Materials, 2010, 3(7): 488—496.

[134] 张国顺. 现代激光制造技术[M]. 北京：化学工业出版社，2006.

[135] 郑启光. 激光与物质相互作用[M]. 武汉：华中科技大学出版社，1996.

[136] 左铁钏. 21 世纪的先进制造技术——激光技术与工程[M]. 北京：科学出版社，2007.

[137] 周熠颖. 激光熔凝的微观机理及热力学初步分析[D]. 昆明：昆明理工大学，2001.

[138] GÜRTLER F J, KARG M, LEITZ K H, et al. Simulation of laser beam melting of steel powders using the three-dimensional volume of fluid method[J]. Physics Procedia,2013 (41)：881—886.

[139] WANG R P, LEI Y P, SHI Y W. Numerical simulation of transient temperature field during keyhole welding of 304 stainless steel sheet[J]. Optics and Laser Technology,2011, 43(4)：870—873.

[140] 周涛. 快速凝固 Mg—Zn 系镁合金的组织与性能研究[D]. 长沙：湖南大学，2009.

[141] HONG S H, SONG M Y. Preparation of Mg-33Al alloy by rapid solidification process and evaluation of its hydrogen-storage properties[J]. Metals and Materials International,2013, 19(5)：1145—1149.

[142] HG C C, SAVALANI M M. Microstructure and mechanical properties of selective laser melted magnesium[J]. Applied Surface Science，2011 (257)：7447—7454.

[143] ZHANG B C, LIAO H L, CHRISTIAN C. Effects of processing parameters on properties of selective laser melting Mg—9%Al powder mixture[J]. Materials and Design,2012 (24)：753—758.

[144] WANG X J, YOU G Q, YANG Z, et al. Pore formation mechanism in laser local remelted areas of die cast magnesium alloy AZ91D[J]. Rare Metal Materials and Engineering, 2012, 41(12)：2144—2148.

[145] 陈菊芳，张永康，李仁兴，等. AM50A 镁合金激光表面熔凝层的强化效果与机理[J]. 中国有色金属学报, 2008, 18(8)：1426—1431.

[146] SANTHANAKRISHNAN S, KUMAR N, DENDGE N, et al. Macro-and micro-structural studies of laser processed WE43(Mg-Y-Nd)magnesium alloy[J]. Metal-

lurgical and Materials Transactions B，2013（44）：1190—1200.

[147] ABBAS G，LIU Z，SKELDON P. Corrosion behavior of laser melted magnesium alloys [J]. Applied Surface Science，2005（247）：347—353.

[148] 郭谡. 液氮环境下的镁合金激光表面改性的研究[D]. 太原：太原理工大学，2013.

[149] 刘春阁，邱星武. 激光熔凝技术的发展现状[J]. 有色金属加工，2011，40(6)：21—23.

[150] 高强. 最新有色金属金相图谱大全[M]. 北京：冶金工业出版社，2005.

[151] 张维平，刘硕. 高能激光束对材料表层快速凝固组织及性能影响的研究进展[J]. 铸造，2005，54(1)：28—31.

[152] TALTAVULL C，TORRES B，LÓPEZ A J，et al. Selective laser surface melting of a magnesium-aluminium alloy[J]. Materials Letters，2012（85）：98—101.

[153] 崔洪芝，肖成柱，孙金全，等. AZ91D镁合金等离子束重熔组织与性能[J]. 中国有色金属学报，2012，22(4)：1000—1005.

[154] XU J F，ZHAI Q Y. Phase structure and dislocations in rapidly solidified AZ91D magnesium alloy[J]. Rare Metal Materials and Engineering，2004，33(8)：835—838.

[155] CARCEL B，SAMPEDRO J，RUESCAS A，et al. Corrosion and wear resistance improvement of magnesium alloys by laser cladding with Al-Si[J]. Physics Procedia A，2011（12）：353—363.

[156] GAO Y L，WANG C S，LIN Q，et al. Broad beam laser cladding of Al-Si alloy coating on AZ91HP magnesium alloy[J]. Surface and Coatings Technology，2006（201）：2701.

[157] YANG Y，WU H. Improving the wear resistance of AZ91D magnesium alloys by laser cladding with Al-Si powders[J]. Materials Letter，2009，63(1)：19—25.

[158] 崔泽琴. AZ31B镁合金脉冲激光加工行为的研究[D]. 太原：太原理工大学，2011.

[159] 田中良平. 向极限挑战的金属材料[M]. 北京：冶金工业出版社，1986.

[160] 钟敏霖，刘文今，任家烈. 合金表面连续激光非晶化的研究和进展[J]. 机械工程材料，1996，20(5)：19—23.

[161] 惠希东，陈国良. 块体非晶合金[M]. 北京：化学工业出版社，2007.

[162] 张新明，肖阳，陈健美，等. 挤压温度对 Mg-9Gd-4Y-0.6Zr 合金组织与力学性能的影响[J]. 中国有色金属学报，2006，16(3)：518—523.

[163] 介万奇. 晶体生长原理与技术[M]. 北京：科学技术出版社，2010.

[164] 戴永年，杨斌. 有色金属材料的真空冶金[M]. 北京：冶金工业出版社，2000.